AF463699

TRAITÉ ÉLÉMENTAIRE
DE
TRAVAUX PRATIQUES
DE CHIMIE
(PRÉPARATIONS ET ANALYSES)

Destiné aux Débutants
Et en particulier aux Candidats au Certificat d'études P. C. N.

PAR

H. GIRAN

Agrégé des Sciences physiques,
Chargé de Conférences et de la Direction des Travaux pratiques de Chimie
à la Faculté des Sciences de l'Université de Montpellier

DEUXIÈME ÉDITION

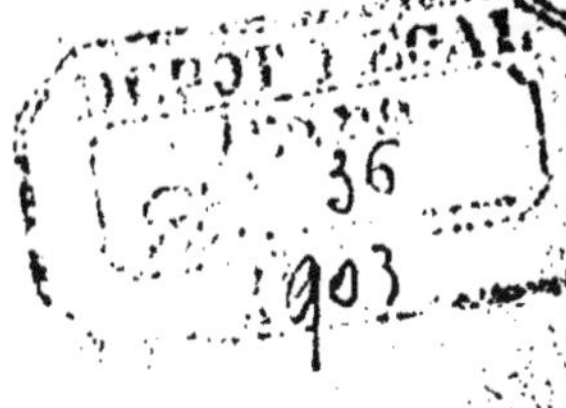

LIBRAIRIE SCIENTIFIQUE ET LITTERAIRE
F. R. DE RUDEVAL, ÉDITEUR
4, RUE ANTOINE-DUBOIS, 4
PARIS

1903

TRAITÉ ÉLÉMENTAIRE
DE
TRAVAUX PRATIQUES DE CHIMIE
(Préparations et Analyses)

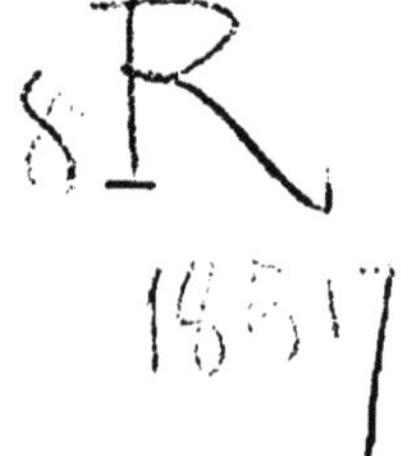

TRAITÉ ÉLÉMENTAIRE

DE

TRAVAUX PRATIQUES DE CHIMIE

(PRÉPARATIONS ET ANALYSES)

Destiné aux Débutants
Et en particulier aux Candidats au Certificat d'études P. C. N.

PAR

H. GIRAN

Agrégé des Sciences physiques.
Chargé de Conférences et de la Direction des Travaux pratiques de Chimie
à la Faculté des Sciences de l'Université de Montpellier

DEUXIÈME ÉDITION

LIBRAIRIE SCIENTIFIQUE ET LITTERAIRE
F. R. DE RUDEVAL, ÉDITEUR
4, RUE ANTOINE-DUBOIS, 4
PARIS

1903

PRÉFACE

Le but que je me suis proposé, en écrivant ce livre, est d'offrir aux débutants un ouvrage très élémentaire leur permettant d'aborder la pratique des opérations les plus simples de la chimie.

Il traite des préparations chimiques, de l'analyse qualitative des sels solubles dans l'eau et de l'analyse quantitative par la méthode volumétrique.

La partie relative aux préparations est brève. Je n'ai pas cru devoir en décrire un nombre plus ou moins considérable, d'abord parce qu'il me semble que, lorsqu'on entre dans cette voie, il n'y a pas de raison pour ne pas décrire les préparations de tous les corps bien connus; ensuite, parce que j'estime qu'un chimiste qui sait bien construire un appareil et se servir des instruments qu'il a entre les mains, trouvera presque toujours, dans les ouvrages de chimie théorique, des indications suffisantes pour mener à bien une préparation simple. Je traite donc uniquement, dans cette partie de la construction des appareils, du maniement des instruments de chauffage, du calcul des poids relatifs des produits à employer, et enfin de quelques expériences que l'on a à répéter fréquemment. Il m'a paru inutile de décrire les ustensiles de laboratoire les plus connus, tels que les ballons ou cornues; ils sont figurés dans tous les ouvrages de chimie et tous les élèves en ont vus dans les cours du Lycée ou de la Faculté.

J'insiste plus longuement sur l'analyse qualitative. La direction des travaux pratiques de chimie, qui m'est confiée depuis plusieurs années, à la Faculté des Sciences de Montpellier, m'a permis d'observer quelles étaient les difficultés, plus souvent apparentes que réelles, qui, en analyse chimique, arrêtaient les débutants, en particulier les candidats au Certificat d'études P. C. N. C'est l'explication et la solution de ces difficultés que je me suis proposé de développer plus particulièrement dans mon ouvrage. C'est ainsi que, à propos des caractères des métaux et des acides, j'indique, sous forme de notes, les précautions à prendre, pour produire tel ou tel précipité, plus ou moins aisé à obtenir. Dans les recherches méthodiques des métaux et des acides, je signale également les difficultés que rencontrent les élèves dans leur application.

L'analyse quantitative est traitée plus brièvement; la méthode volumétrique est seule indiquée, en prenant pour exemples l'alcalimétrie et l'acidimétrie.

En résumé, je me suis attaché à faire un ouvrage essentiellement pratique; je serai heureux s'il peut contribuer à aplanir les premières difficultés aux débutants.

TRAITÉ ÉLÉMENTAIRE
DE
TRAVAUX PRATIQUES DE CHIMIE
(Préparations et Analyses)

GÉNÉRALITÉS SUR LES PRÉPARATIONS CHIMIQUES

CONSTRUCTION DES APPAREILS

Les préparations chimiques se font dans des appareils plus ou moins complexes, que l'on ne trouve généralement pas tout montés dans les laboratoires et que le chimiste doit construire lui-même.

Les corps solides et liquides se préparent presque toujours dans des appareils simples et faciles à construire, quelquefois même, tout simplement dans un ballon, une capsule de porcelaine ou un verre à expériences.

Les préparations des corps gazeux exigent, au contraire, des appareils plus compliqués et qui doivent être construits avec le plus grand soin, de façon à éviter toute déperdition du gaz. Nous insisterons donc particulièrement sur la préparation de ces corps ; les indications que nous donnerons pour la construction des appareils destinés à les obtenir s'appliquent aux cas où la préparation d'un corps solide ou liquide exigerait l'emploi d'un appareil un peu complexe.

Les appareils employés pour préparer les gaz, se composent en général, de trois parties :

1° Un appareil dans lequel se produit la réaction qui donne naissance au gaz ;

2° Un système de flacons laveurs destinés à le purifier et à le dessécher ;

3° Les instruments nécessaires pour le recueillir et le conserver.

Toutes les pièces de cet appareil sont bouchées hermétiquement au moyen de bouchons de lièges et reliées entre elles par des tubes de verre qui, traversant les bouchons, conduisent le gaz de l'appareil producteur à l'appareil récepteur, à travers le système des flacons laveurs.

Il est donc nécessaire, pour bien monter un tel appareil, de savoir donner aux tubes de verre et aux bouchons de liège employés, la forme et les dimensions voulues. Nous indiquerons, sur quelques exemples, comment se font ces manipulations préliminaires.

1er Exemple. — **Construction d'un flacon à deux tubulures** (*Fig. 1*)

(Cet appareil sert à préparer l'hydrogène, le bioxyde d'azote, l'anhydrique carbonique, etc.). Chaque tubulure est fermée par un bouchon de liège, percé d'un trou dans lequel est adapté un tube de verre, l'un droit, AB, de 40 à 50 centimètres de longueur ; l'autre, courbé à angle droit CDE.

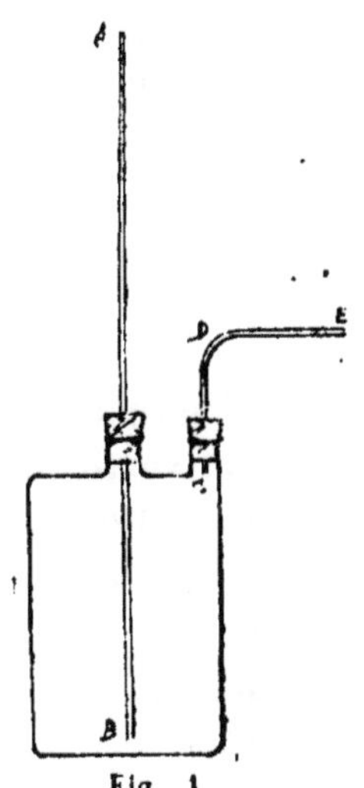

Fig. 1

Il faudra donc, pour pouvoir construire cet appareil, savoir *couper un tube de verre, le courber* et *percer un bouchon de liège.*

COUPER UN TUBE DE VERRE. — On emploie pour cela un couteau à couper le verre. C'est un couteau en acier avec lequel on trace sur le tube un simple trait transversal (sans scier) au point où on veut produire la rupture. On saisit ensuite le tube de telle manière que le trait qu'on vient de tracer soit placé entre les deux mains et extérieurement par rapport à l'opérateur ; un léger effort le coupera au point marqué et suivant une section droite (1).

COURBER UN TUBE DE VERRE. — Pour courber un tube, on se sert d'un bec de gaz à flamme large et mince dit bec papillon. On place le tube *dans la par-*

(1) Cette méthode n'est applicable qu'aux tubes dont le diamètre ne dépasse pas 9 à 10 millimètres.

tie éclairante, c'est-à-dire dans la partie chaude de la flamme, parallèlement à cette flamme, et on le fait tourner constamment autour de son axe, de façon à le chauffer également sur tout son pourtour, dans la région où on veut produire la courbure. *Lorsque le tube est bien ramolli, on le retire de la flamme* et on le courbe à angle droit assez rapidement pour qu'il n'ait pas le temps de redevenir tout à fait solide avant la fin de cette opération.

Pour obtenir un angle bien droit, on pourra se placer en face d'une fenêtre et amener les deux côtés du tube à être parallèles à ses barreaux horizontaux et verticaux.

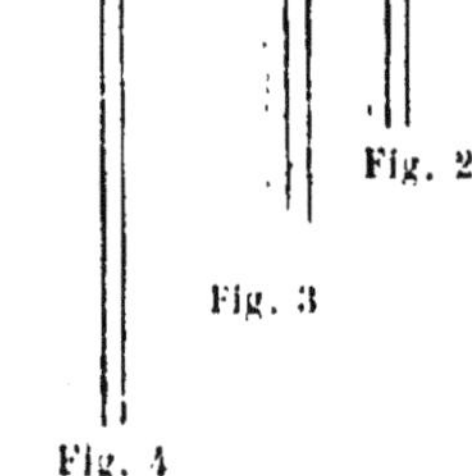
Fig. 2
Fig. 3
Fig. 4

Après cette opération, le tube est sali par du noir de fumée qui s'est déposé à sa surface ; on s'en débarrasse, après refroidissement, en le frottant avec un linge.

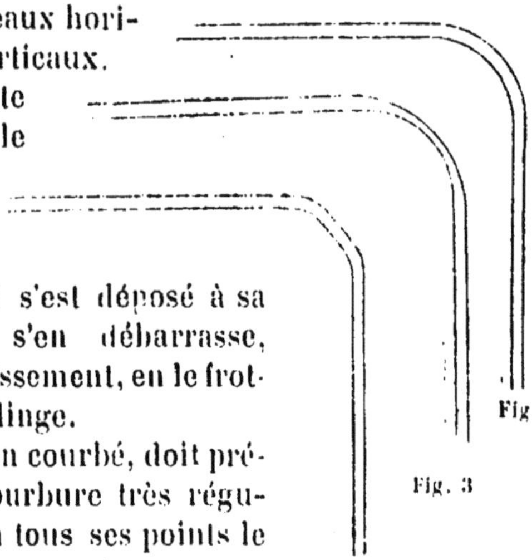

Un tube bien courbé, doit présenter une courbure très régulière ayant en tous ses points le même diamètre que dans sa partie rectiligne (Fig. 2). On doit éviter d'obtenir des tubes aplatis (Fig. 3) ou des tubes à courbure irrégulière (Fig. 4). Ces défectuosités se produisent, la première, lorsqu'on ne fait pas tourner régulièrement le tube dans la flamme, la seconde, lorsqu'on le chauffe dans la partie obscure du papillon. Ces tubes mal courbés sont peu solides et d'un aspect déplaisant ; de plus, quand l'aplatissement est exagéré, le passage laissé aux gaz peut être insuffisant.

Il est bon, avant de courber un tube, d'en couper exactement la longueur dont on a besoin afin de n'être pas embarrassé par une trop grande longueur de verre.

Border un tube de verre. — On constate, après avoir coupé un tube, que sa section est rugueuse et présente de petites aspérités qui pourraient, ou blesser l'opérateur, ou percer les tubes de caoutchouc que l'on y adaptera, ou abimer le bouchon dans lequel on devra l'introduire. Pour les faire disparaître, on *borde* le tube, opération qui consiste à chauffer ses sections jusqu'à ce qu'elles *commencent* à se ramollir; si on chauffait davantage, le tube se fermerait.

Soufflerie. — Pour border un tube, on se sert d'un instrument appelé *soufflerie*. C'est une sorte de chalumeau à gaz oxygène et hydrogène, dans lequel l'hydrogène est remplacé par le gaz d'éclairage et l'oxygène par de l'air que l'on insuffle avec un soufflet placé dans l'appareil et manœuvré au moyen d'une pédale. On règle l'arrivée du gaz avec un robinet et celle de l'air avec la pédale. Il faut éviter de souffler trop fort; il suffit d'envoyer une quantité d'air telle que la coloration jaune de la flamme soit remplacée par une coloration bleue, l'extrémité de la flamme restant jaune.

Pour border un tube, on met son extrémité

seule dans la flamme de la soufflerie, en la faisant tourner constamment autour de son axe ; on le retire dès que cette extrémité commence à se ramollir.

BOUCHONS. — Après avoir préparé les tubes, on s'occupera des bouchons. Il faut les choisir mous et aussi exempts que possible de fissures. Leur diamètre doit être un peu supérieur à celui de la tubulure correspondante du flacon. Si ces deux diamètres ne diffèrent pas trop l'un de l'autre, on diminuera celui du bouchon, du côté où on doit l'introduire, soit en le roulant sur une table au moyen d'une grosse règle plate en bois, soit au moyen d'un mâche-bouchons. Si le bouchon est trop gros, il faudra le *râper*.

RAPER ET LIMER UN BOUCHON. — On emploie pour cela une *râpe plate* au moyen de laquelle on use le bouchon aussi également que possible sur tout son pourtour. Pour éviter des inégalités, on le tient dans la main gauche pendant l'opération et on le fait tourner constamment autour de son axe pendant que l'on manœuvre la râpe avec la main droite. La râpe doit être dirigée parallèlement à l'axe du bouchon, ou plutôt dans une direction légèrement inclinée sur cet axe, de façon à lui donner la forme d'un tronc de cône à angle très aigu (Fig. 5), afin qu'il bouche d'autant plus hermétiquement qu'on l'enfoncera davantage dans le goulot.

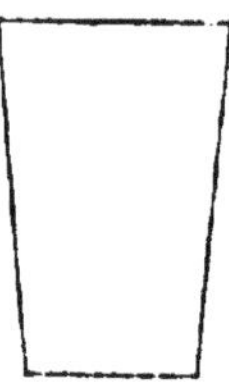

Fig. 5

Un bouchon préparé avec une râpe, présente

une surface rugueuse ; on le polit avec une *lime plate*.

Il présente alors une surface lisse et doit avoir la forme d'un tronc de cône bien régulier. Ses dimensions doivent être telles que, après qu'on l'a introduit aussi profondément que possible dans le goulot auquel il est destiné, il n'y ait encore pénétré que d'environ la moitié de sa longueur (Fig. 1). S'il pénétrait trop, il serait difficile de le saisir pour déboucher la tubulure; s'il pénétrait trop peu, il pourrait mal boucher.

Percer un bouchon. — Il reste enfin à percer dans ce bouchon, un trou pour y introduire le tube de verre. On le perce d'abord au moyen d'une *alène* ou d'une *queue de rat* très fine que l'on dirige aussi parallèlement que possible à l'axe du bouchon (et en son centre s'il y a un seul trou à percer). On agrandit ensuite le trou au moyen de queues de rat de plus en plus grosses et on profite de cette opération pour le rendre bien parallèle à l'axe s'il ne l'était pas tout à fait. On regarde de temps en temps si le tube (qui doit avoir été préparé d'avance) peut pénétrer dans le trou. Il doit y pénétrer à frottement assez dûr pour qu'il n'y ait pas, entre le tube et le bouchon, de passage permettant aux gaz de s'échapper. Il faut éviter, d'autre part, un frottement trop considérable, car alors le tube pourrait se briser dans la main de l'opérateur et le blesser (1). On facilite son

(1) **Blessures.** — Quand on se coupe avec un tube de verre, on doit d'abord faire couler un courant d'eau sur la blessure pour la laver et entraîner les débris de verre qui pourraient s'y

introduction en l'humectant d'une goutte d'huile. De plus, il est prudent de *le saisir près du bouchon et de le faire pénétrer lentement en le faisant tourner à la manière d'un tire-bouchon.*

Recherches des fuites. — L'appareil étant monté comme l'indique la figure 1 (le tube AB doit arriver à environ 1 centimètre du fond du flacon et le tube CDE doit dépasser le bouchon également de 1 centimètre environ en C), il faut s'assurer qu'il n'y a pas de *fuites*, c'est-à-dire qu'il n'existe aucune issue autre que le tube CDE par où le gaz pourrait s'échapper. Pour cela, on verse dans le flacon une quantité d'eau telle que l'extrémité B du tube AB y soit plon-

trouver. Dans le cas où quelques-uns de ces débris seraient restés dans la plaie, ce que l'on reconnait aux piqûres douloureuses que produit une légère pression exercée sur la blessure, il faudrait les faire enlever par un médecin. S'il n'y a pas de verre, on lave la plaie avec une dissolution de sublimé corrosif à $\frac{1}{1000}$, ou à $\frac{1}{2000}$ si la surface est assez grande ; on sèche avec du coton hydrophile ; on saupoudre avec un peu d'iodoforme que l'on recouvre de gaze iodoformée pliée en quatre ; enfin on met par dessus une couche de coton et on assujettit le tout par une bande (reliée au poignet autant que possible.

Pour arrêter les hémorragies, employer le perchlorure de fer (dilué à 50 0/0) et éviter l'excès de perchlorure qui dissoudrait le coagulum formé. Si l'hémorragie provient de la rupture d'une artère, ce que l'on reconnait à ce que le sang s'échappe par saccades, on serrera au-dessus de la plaie avec du caoutchouc ou de la ficelle et on ira se faire panser par un médecin. On consulterait également le docteur si la blessure était trop grande.

Je dois ajouter que, si on se conforme aux indications ci-dessus, et surtout si on ne se presse pas trop pour introduire les tubes dans les bouchons, ces accidents sont très rares et généralement sans gravité.

gée et on souffle avec la bouche par l'extrémité E.

On augmente ainsi la pression de l'air contenu dans le flacon, ce qui fait élever l'eau dans le tube AB. Quand elle est arrivée près de son extrémité supérieure, on bouche rapidement en E avec le doigt. On a ainsi emprisonné dans le flacon une certaine quantité d'air comprimé et, s'il n'y a pas de fuite, la pression restera constante et le niveau de l'eau fixe (après quelques oscillations) dans le tube AB faisant fonction de manomètre. S'il y a une issue, l'air comprimé s'échappera, la pression diminuera dans le flacon et le niveau du liquide baissera dans le tube central. Il faudra alors tâcher de découvrir la fuite et modifier la partie défectueuse de l'appareil pour la faire disparaître (1).

Les fuites sont dues, en général, à ce que le bouchon est mal râpé ou insuffisamment enfoncé dans le goulot; elles proviennent quelquefois de ce que le tube entre trop aisément dans le bouchon. Quand une fuite est de peu d'importance on peut souvent la faire disparaître en forçant bien le bouchon dans le goulot.

2me *Exemple*. — Construction de l'appareil représenté (*Fig. 6*)

Il se compose d'un ballon fermé par un bouchon dans lequel on a fixé un tube droit et un tube recourbé (on l'emploie pour préparer l'anhydride sul-

(1) Quand on recherche des fuites, il faut éviter de saisir à pleine main le ballon ou le flacon : la chaleur de la main, dilatant l'air, augmenterait la pression, ce qui pourrait masquer la présence d'une petite fuite.

fureux, l'éthylène, l'oxyde de carbone, etc.). Cet appareil se construit exactement comme le précédent :

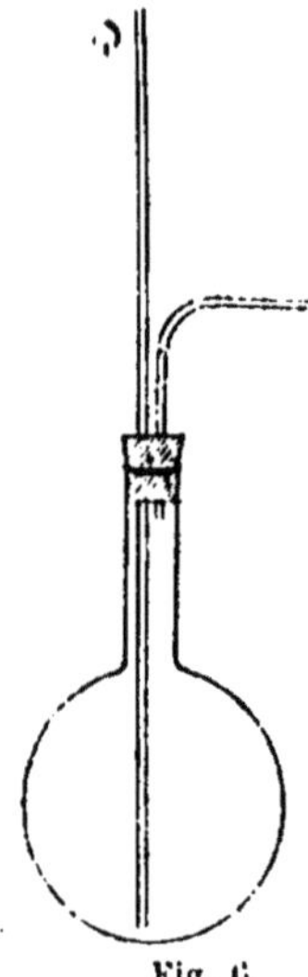
Fig. 6

la seule différence, c'est qu'il faut percer les deux trous dans le même bouchon. On s'efforcera de rendre ces deux trous bien parallèles entre eux et à l'axe du bouchon et on les disposera de telle sorte qu'ils ne soient trop rapprochés l'un de l'autre, ni des extrémités du bouchon, afin d'éviter la rupture du liège s'il était trop mince en certains points. La Fig. 7 représente une bonne disposition ; les Fig. 8 et 9 de mauvaises dispositions.

On vérifie les fuites comme dans le premier exemple.

Remarques. — Les deux appareils dont nous venons d'indiquer la construction, quoi-

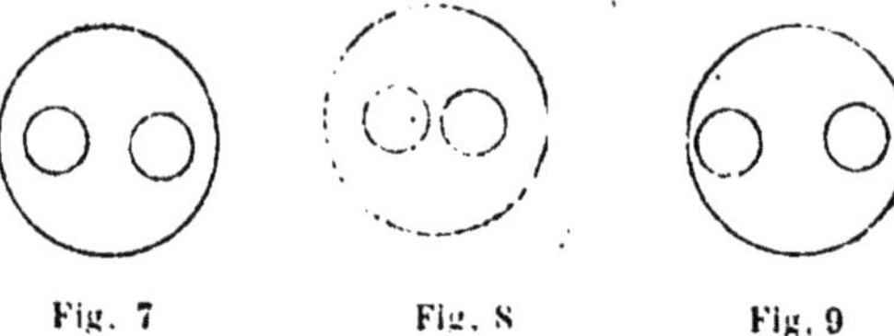
Fig. 7 Fig. 8 Fig. 9

que pouvant, en apparence, servir aux mêmes usages, ne sont pas indifféremment employés.

Le flacon à deux tubulures, qui est *en verre épais*, est employé toutes les fois que la réaction que l'on y produit a lieu à froid.

Le ballon, qui est *en verre mince*, s'emploie au contraire, lorsqu'il faut chauffer.

C'est d'ailleurs un fait général que, toutes les fois qu'un appareil en verre est destiné à être chauffé, il doit être en verre mince. Le verre est, en effet, mauvais conducteur de la chaleur ; si donc on chauffe une lame épaisse de ce corps, le côté rapproché de la flamme sera porté à une température plus élevée que l'autre; il en résultera une dilatation inégale et, par suite, une rupture du verre. Avec le verre mince, les températures, et par suite les dilatations, s'égalisent plus aisément dans cette faible épaisseur.

TOILES MÉTALLIQUES. — A cette précaution, il est bon d'en ajouter une autre ; elle consiste à mettre entre le ballon et la flamme, une *toile métallique* dont la grande conductibilité répartit uniformément la chaleur sur tout le fond du ballon et empêche que certains points soient chauffés plus fortement que d'autres, ce qui pourrait également provoquer des ruptures.

La fragilité de ces ballons en verre mince les rend un peu délicats à manier ; on prendra l'habitude de ne jamais les poser directement sur une table, surtout si elle n'est pas en bois, mais sur des couronnes de paille que l'on appelle des *valets*.

Enfin il est prudent, lorsqu'on bouche un ballon, de le saisir par le goulot, et non par le fond qui pourrait se briser facilement dans les mains de l'opérateur et le blesser.

3me *Exemple*. — Construction de l'appareil représenté (*Fig. 10*)

Cet appareil sert à préparer l'anhydride sulfureux, l'éthylène, l'oxyde de carbone, etc.

Il se compose d'un ballon A placé sur un fourneau

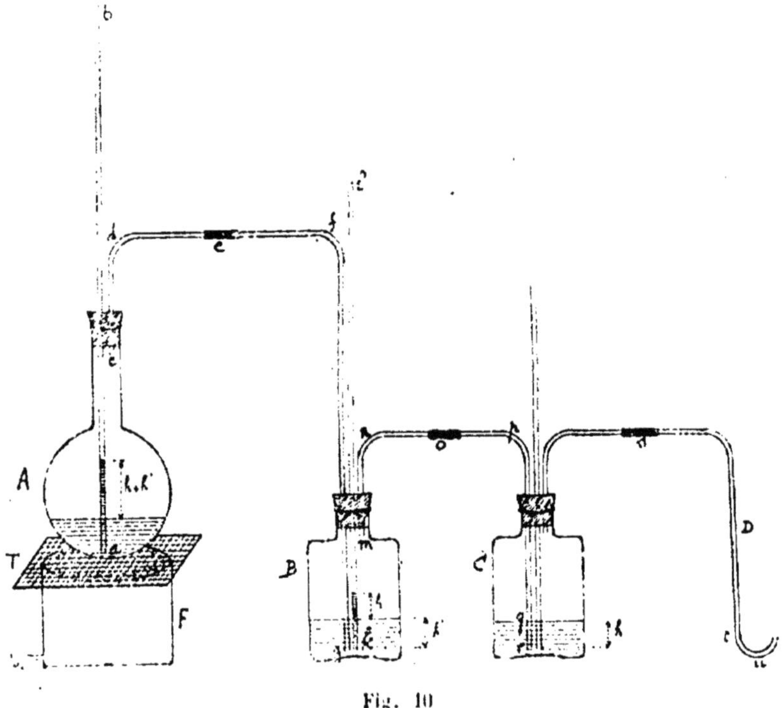

Fig. 10

à gaz F, de deux flacons laveurs B et C et d'un tube abducteur D aboutissant sur la cuve à eau ou sur la cuve à mercure ; le ballon et le fourneau sont séparés par une toile métallique T.

Le ballon se monte comme il a été dit précédemment (2e exemple).

Flacons laveurs. — Chaque flacon laveur porte trois tubes :

1° Un tube droit tel que *kl*, de 40 à 50 centimètres de longueur ;

2° Un tube d'arrivée du gaz, *efg*, courbé à angle droit en *f*. Ces deux tubes arrivent jusqu'à un centimètre environ du fond du flacon ;

3° Un tube de sortie du gaz, *mno*, courbé à angle droit en *n* et qui dépasse à peine la partie inférieure du bouchon en *m*.

Les bouchons des flacons laveurs devront donc être percés de trois trous. On les dispose suivant un

Fig. 11

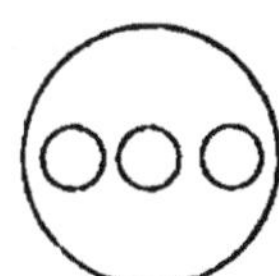

Fig. 12

triangle équilatéral (Fig. 11) et non pas en ligne droite (Fig. 12) parce que cette dernière disposition présente l'inconvénient de laisser entre deux trous, ou entre un trou et le bord du bouchon, une mince lame de liège qui peut se briser aisément et produire des fuites.

Après avoir percé le bouchon, on y introduit les

tubes *en commençant par le tube droit lk*, qu'il est ainsi facile de saisir près du bouchon et de faire pénétrer sans risquer de le casser et de se blesser. Cet accident arriverait fréquemment si on avait déjà placé un des deux autres tubes; car alors on devrait le saisir près de son extrémité et le moindre effort portant à faux risquerait de le briser, puisqu'il s'exercerait sur un bras de levier d'une grande longueur. On introduira ensuite les tubes courbés en les saisissant à la courbure et les faisant osciller à droite et à gauche, tout en les introduisant dans le bouchon.

On vérifie les fuites d'un pareil flacon en employant la méthode déjà indiquée; on souffle par l'extrémité *o* après avoir bouché l'extrémité *e* avec le doigt; le liquide s'élève dans le tube vertical et, lorsqu'il est arrivé près du point *l*, on bouche brusquement en *o*. On voit alors le niveau du liquide devenir stationnaire dans le tube droit ou baisser plus ou moins vite, suivant qu'il n'y a pas ou qu'il y a des fuites.

Le flacon C se construit et se vérifie de même.

Pour monter un appareil tel que celui de la figure 10, on commence par mettre en place les diverses parties : le ballon A sur le fourneau et la toile métallique, en le maintenant au moyen d'un support en fer ; les laveurs B et C à côté, à la place qu'ils doivent occuper. On prépare ensuite tous les tubes en ayant soin de les couper et de les courber de telle manière qu'ils puissent se raccorder comme il est indiqué sur la figure. Un tube tel que *c d e f g* ne doit pas être formé d'un seul morceau, mais de deux parties distincles, *cde* et *efg*, que l'on raccordera en *e* au moyen d'un petit morceau de tube de caoutchouc. De même on placera des raccords en caoutchouc en *o* et en *s*. L'appareil sera ainsi plus flexible, plus maniable et plus facile à monter que si les tubes étaient formés d'une seule pièce.

Tous les tubes étant préparés et bordés à leurs deux extrémités, on s'occupe des bouchons dont on perce les trous en tenant compte du diamètre des

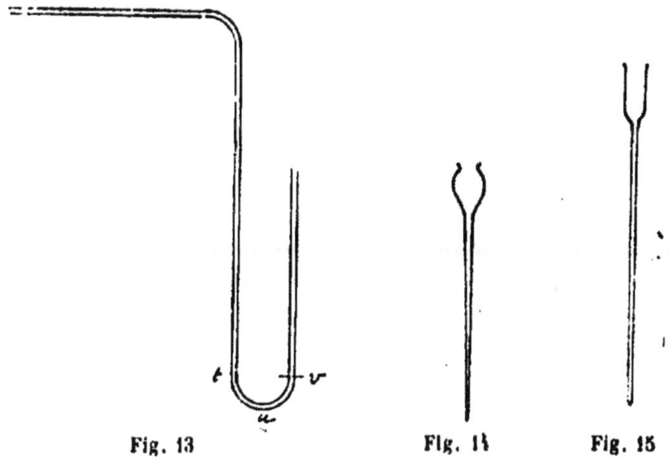

Fig. 13 Fig. 14 Fig. 15

tubes qui doivent y pénétrer ; c'est pour cela qu'il faut d'abord préparer les tubes.

On vérifie les fuites de chaque partie de l'appareil ; s'il n'y en a pas, on place les raccords en caoutchouc.

La courbure *tuv* s'obtient en opérant comme pour une courbure à angle droit ; mais on emploie un papillon à grande flamme de manière à chauffer sur une assez grande longueur le tube que l'on courbe jusqu'à amener ses deux parties à être parallèles (Fig. 13) ; après refroidissement on coupe en *v*.

Remarques. — 1° Un appareil ainsi construit sera prêt à fonctionner si on y ajoute un petit entonnoir effilé en verre (Fig. 14) que l'on introduit dans le tube *ab* en *b*. Il servira à verser les liquides qui devront entrer en réaction. On remplace quelquefois le tube droit *ab* par un tube à l'extrémité duquel un entonnoir a été soudé. Ce tube à entonnoir (Fig. 15) présente un inconvénient : quand on verse un liquide, des bulles d'air sont emprisonnées et entraînées avec lui ; le gaz obtenu contient donc toujours un peu d'air. Au contraire, par l'emploi du petit entonnoir à pointe effilée, le liquide s'écoule lentement le long des parois du tube droit, sans entraîner d'air. De cette manière, une fois l'appareil complètement purgé par entraînement de l'air qu'il contenait primitivement, le gaz que l'on prépare n'en renferme plus.

2° C'est encore pour éviter la présence de l'air que les tubes tels que *cd*, *mn*, etc., qui conduisent le gaz hors des flacons, doivent dépasser à peine la partie inférieure du bouchon. La partie du flacon comprise entre l'extrémité du tube et le bouchon constitue une sorte de réservoir d'air qui se diffuse peu à peu dans le gaz placé au-dessous. Cette diffusion sera d'autant plus lente que la densité du gaz préparé sera plus grande et celui-ci sera, pendant longtemps, mélangé d'air. Il importe donc de diminuer autant que possible la capacité de ce réservoir d'air.

Usage des tubes droits. — Les tubes droits servent de tubes manométriques : ils indiquent la pression que les gaz exercent dans chaque partie de l'appareil.

Supposons que le tube abducteur s'ouvre librement dans l'atmosphère ; la pression des gaz contenus dans le flacon C sera égale à la pression atmosphérique. Donc, le niveau du liquide sera le même dans ce flacon et dans son tube droit, puisque la pression atmosphérique s'exerce aussi à l'intérieur de ce dernier.

Considérons maintenant les gaz contenus dans le flacon B. Pour s'échapper par le tube *mnopqr*, ils devront refouler la colonne de liquide $qr = h$; leur pression sera donc égale à la pression atmosphérique augmentée de h, et le niveau du liquide dans le tube kl s'élèvera d'une quantité h au-dessus du niveau libre dans le flacon B (en supposant que B et C contiennent le même liquide).

De même, pour se dégager par les tubes *cdefg*, les gaz devront refouler la colonne h' de liquide du flacon B ; la pression dans le ballon A surpassera donc la pression dans le flacon B de la quantité h', c'est-à-dire la pression atmosphérique de $h + h'$ et le liquide s'élèvera de cette quantité $h + h'$ dans le tube ab au-dessus du niveau libre dans le ballon.

Il résulte de là deux conséquences, dont la seconde est particulièrement importante :

1° Les tubes droits doivent être d'autant plus longs qu'ils appartiennent à un flacon plus rapproché de l'appareil producteur de gaz ;

2° La construction des divers flacons ou ballons

constituant un même appareil, devra être d'autant plus soignée au point de vue des fuites, qu'ils seront plus rapprochés de l'appareil producteur de gaz. Si, en effet, une légère fuite peut être de peu d'importance dans un flacon tel que C où la pression est la même à l'intérieur et à l'extérieur, il n'en sera plus de même si elle se trouve au ballon A où les gaz sont notablement comprimés et ont, par suite, une grande tendance à s'échapper par la moindre fissure.

Si le tube abducteur, au lieu de déboucher librement dans l'atmosphère, plonge dans une cuve à eau ou dans une cuve à mercure, la pression dans chaque partie de l'appareil est augmentée de celle qui correspond à la différence de niveau entre la surface libre de la cuve et la partie inférieure du tube abducteur. Quand on recueille un gaz sur le mercure, la pression est considérable dans l'appareil ; il est alors nécessaire d'en bien soigner la construction.

Tubes de sûreté

Les tubes droits, particulièrement celui que l'on place dans l'appareil producteur de gaz (flacon ou ballon), sont quelquefois appelés *Tubes de sûreté*, parce qu'ils peuvent servir, dans certains cas, à éviter des accidents.

Supposons que, dans un flacon à deux tubulures ou dans un ballon, on produise une réaction donnant naissance à un gaz. Si le dégagement devient trop abondant pour que ce gaz puisse se dégager aisément par le tube *cde* (Fig. 10), il se produit une augmentation de pression qui est indiquée par une plus grande ascension du liquide dans le tube droit. On ralentit alors la réaction, par exemple en cessant de chauffer ou en modérant la flamme. Si on n'avait pas été prévenu de cette augmentation de pression, les gaz, s'accumulant dans le ballon, auraient pu provoquer son explosion.

Supposons, au contraire, que, pour une cause quelconque, la pression vienne à diminuer dans le ballon, c'est ce qui arrivera, par exemple, quand on cessera de chauffer. Si le tube droit n'existait pas, sous l'influence de cette diminution de pression, le liquide du flacon B s'élèverait dans le tube *gfe* et pénètrerait dans le ballon ; on dit alors qu'il y a *absorption*. Le liquide froid, arrivant dans le ballon encore chaud, donnerait naissance à une grande quantité de vapeur (1) qui, s'accumulant instantanément dans le ballon, pourrait déterminer son explosion. Le danger serait bien plus grand encore si le ballon contenait par exemple de l'acide sulfurique concentré et le flacon laveur de l'eau ou une dissolution de potasse. On sait, en effet, qu'il est très dangereux de verser de l'eau sur de l'acide sulfurique concentré à cause du très grand dégagement de chaleur qui se produit dans cette opération, déga-

(1) Un certain volume d'eau donne, en se vaporisant, une certaine quantité de vapeur qui, à 100°, occupe un volume égal à environ 1700 fois celui de l'eau qui lui a donné naissance. Si donc l'absorption a fait pénétrer dans le ballon 10 centimètres cubes d'eau, il en résultera la production de 17000 centimètres cubes ou 17 litres de vapeur, et, si la capacité du ballon est de un litre, il se développera brusquement à son intérieur une pression de 17 atmosphères.

gement capable de projeter une partie du liquide acide bouillant. Avec une dissolution de potasse, le dégagement de chaleur est bien plus grand et l'explosion encore plus à redouter. A plus forte raison l'absorption sera-t-elle dangereuse si l'acide sulfurique est déjà chaud. Dans le cas d'une explosion produite dans ces circonstances, l'opérateur pourrait être blessé à la fois par des éclats de verre et par la projection du liquide acide et chaud.

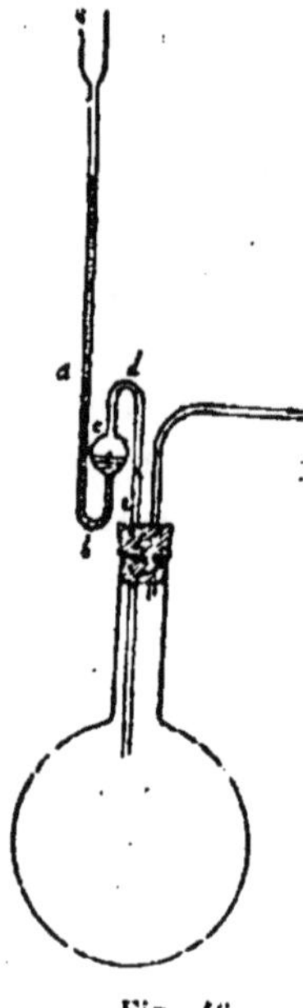

Fig. 16

Le tube de sûreté permet d'éviter ces dangers en empêchant l'absorption de se produire : quand la pression diminue, le liquide s'élève bien dans le tube *gf*, mais il s'abaisse en même temps (et de la même quantité si les liquides sont les mêmes) dans le tube *ab*, et, bien avant que le liquide de B ait pu arriver à l'extrémité supérieure *f*, le niveau du liquide dans le tube *ab* aura atteint l'extrémité inférieure *a*. A partir de ce moment, l'air extérieur pénétrera dans le ballon par ce tube et viendra rétablir l'équilibre.

Diverses formes de tubes de sureté. — Les plus employées sont les suivantes :

1° *Tube en S.* — On remplace le tube droit par un tube en S (Fig. 16) quand les matières contenues dans le ballon sont pâteuses (préparation du chlore) ou solides (préparation du gaz ammoniac). On le dispose comme il est indiqué sur la figure, en ayant soin de le saisir par la petite courbure *d* pour le faire pénétrer dans le bouchon et non pas à pleine main par toute la partie courbe *abcde*, car la boule *c* est en verre mince et se briserait dans la main de l'opéra-

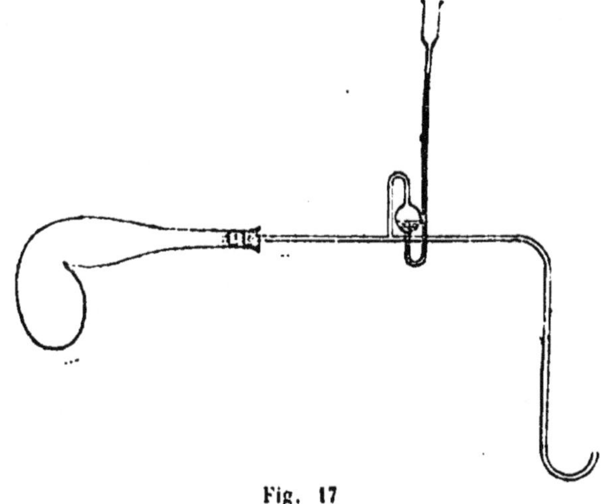

Fig. 17

teur. On verse du liquide dans ce tube (acide chlorhydrique dans le cas de la préparation du chlore, dissolution d'ammoniaque dans la préparation du gaz ammoniac) de manière à remplir la boule *c* aux $\frac{2}{3}$ environ. Quand la pression augmente, le niveau s'abaisse d'une petite quantité dans la boule, tandis qu'il s'élève beaucoup plus rapidement dans la branche *a* ; la dénivellation indique la pression. Si la pression diminue, le niveau s'abaisse dans le tube *a* et s'élève lentement dans la boule ; quand le liquide est arrivé en *b* (la quantité de liquide doit être telle qu'à ce moment, la boule ne soit pas tout à fait pleine), l'air rentre dans le ballon en traversant le liquide. Ce tube joue donc, dans le cas d'un excès ou d'une diminution de pression, le même rôle que le tube droit.

Pour vérifier les fuites d'un ballon qui porte un tube en S, on remplit d'eau la boule de ce tube ; on souffle par le tube à dégagement, ce qui produit une dénivellation ; on bouche rapidement et on regarde si la dénivellation reste fixe.

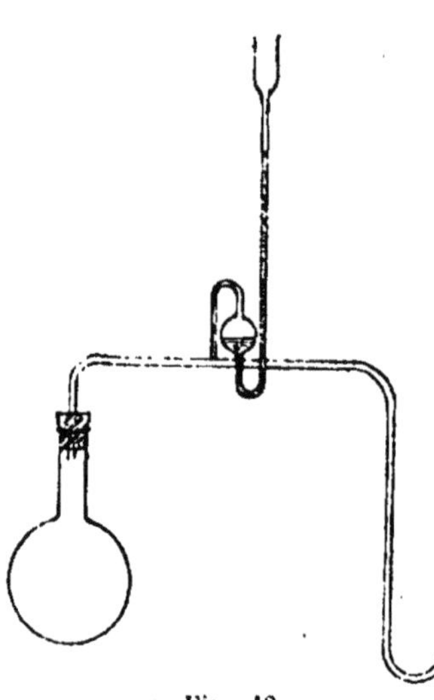

Fig. 18

2° *Tubes de Welter.* — Les tubes de sûreté dont nous avons parlé jusqu'ici (tube droit et tube en S) exigent que le bouchon qui ferme le ballon soit percé de deux trous. Quand on emploie des petits ballons ou des cornues dont le col est un peu étroit, il serait difficile de percer deux trous dans le bouchon correspondant ; on emploie alors le *tube de Welter* (Fig. 17 et 18). C'est un tube abducteur sur lequel on a soudé un tube en S ; il joue donc le rôle de ces deux tubes à la fois.

Remarque. — Quand on n'emploie pas de tube de sûreté (ce que l'on doit faire le moins possible), il est nécessaire de surveiller constamment l'appareil pour voir s'il ne se produit pas d'absorption. S'il s'en produisait une, on chaufferait plus fort pour faire dégager une plus grande quantité de gaz et refouler le liquide qui monte dans le tube abducteur avant qu'il n'ait atteint le ballon, ou bien on démonterait l'appareil en enlevant le raccord en caoutchouc. Il faut également enlever ce raccord lorsqu'on cesse de faire marcher l'appareil.

DES APPAREILS DE CHAUFFAGE

Les appareils de chauffage les plus fréquemment employés dans les laboratoires sont :

Le Brûleur Bunsen ; *le Fourneau à gaz* ; *le Fourneau réverbère.*

BRULEUR BUNSEN. — Il est employé pour chauffer les ballons et les cornues d'assez petites dimensions et surtout lorsqu'on veut atteindre des températures un peu élevées (préparation de l'oxygène par le chlorate de potassium ; distillation sèche des acétates). C'est un appareil très commode, mais qui doit être manié avec certaines précautions.

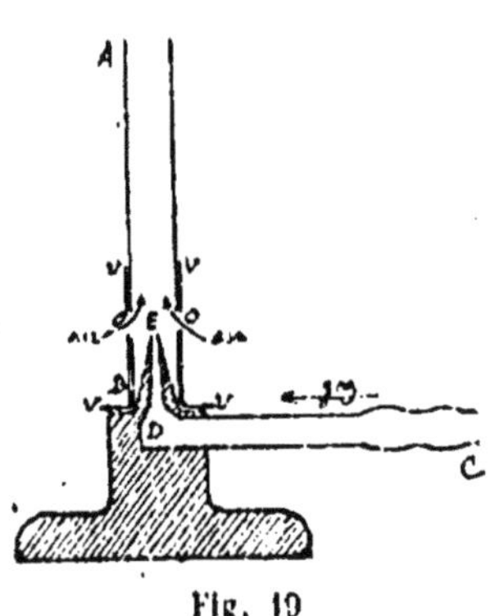

Fig. 19

Il se compose (Fig. 19) d'un tube vertical en laiton AB et d'un tube horizontal CD qui pénètre dans le précédent, se recourbe à angle droit en D et se termine en E par un orifice étroit. C'est par ce tube qu'on fait arriver le gaz d'éclairage. Le tube AB est percé à la hauteur de E, de deux orifices *o o* diamétralement opposés et qui peuvent être fermés plus ou moins, au moyen d'une virole *vv* également percée de deux trous identiques aux trous *oo*.

Lorsque la virole est tournée de manière à boucher les orifices *o*, le brûleur fonctionne comme un bec de gaz ordinaire, en donnant une flamme éclairante. Une pareille flamme doit son pouvoir éclairant aux particules de carbone qu'elle renferme et qui sont portées à l'incandescence. Si on s'en sert pour chauffer un corps froid, un ballon par exemple, ce carbone se dépose sur lui en une couche de noir de fumée qui le salit et empêche de voir ce qui se passe dans son intérieur. De plus, la combustion étant incomplète, la température de la flamme n'est pas aussi élevée qu'elle pourait l'être.

Si maintenant on fait tourner la virole de façon à découvrir les orifices *o*, le gaz, s'échappant avec force en E, entraînera de l'air par ces orifices ; le gaz qui brûlera en A sera mélangé d'air et sa combustion plus complète. Le carbone qui était incandescent étant brûlé, la flamme ne sera plus éclairante, mais elle sera plus chaude et ne noircira plus les vases qu'elle touchera.

Il importe de régler l'ouverture des orifices *o*, de telle sorte que la quantité d'air entraînée dans le brûleur soit proportionnelle à la quantité de gaz qu'on y laisse pénétrer par le tube CDE. Si le gaz est en excès, la flamme est encore un peu éclairante. S'il y a trop d'air, il peut arriver que la combustion se propage en sens inverse du courant gazeux et que le gaz vienne s'enflammer à l'orifice E; on dit alors que le brûleur *brûle en dedans*. C'est un accident qu'il faut éviter, d'abord parce que la flamme extérieure redevient éclairante, et aussi parce que la flamme interne chauffe la partie inférieure du brûleur et le tube horizontal CD.

On reconnait qu'un brûleur brûle en dedans à ce que sa flamme devient étroite, allongée et éclairante quelquefois vibrante et souvent colorée en vert par le cuivre contenu dans le laiton du tube métallique.

Pour allumer un brûleur, *on ferme d'abord les orifices o* au moyen de la virole, on ouvre le robinet donnant accès au gaz et on attend quelques secondes pour lui permettre de chasser l'air contenu dans le brûleur et dans le tube de caoutchouc qui le réunit à la prise de gaz. On allume alors le gaz et on donne à la flamme la hauteur que l'on désire, *les orifices o étant fermés.* Enfin, en tournant lentement la virole, on verra la flamme devenir de moins en moins éclairante au fur et à mesure que la quantité d'air introduite sera plus grande; on s'arrêtera dès que la flamme aura cessé d'être éclairante. Il est même prudent de s'arrêter un peu avant, lorsque sa pointe est encore un peu jaune. Pour en diminuer la hauteur, *on ferme d'abord la virole*, on donne à la flamme la hauteur voulue au moyen du robinet, enfin on ouvre la virole lentement, jusqu'à ce qu'elle ne soit plus éclairante. Si on fermait partiellement le robinet en laissant la virole ouverte, le brûleur s'allumerait presque toujours en dedans.

On reconnait que la quantité d'air entraîné est trop considérable lorsque la flamme ronfle et qu'on voit à sa partie inférieure, un petit cône bleu ayant pour base l'orifice du brûleur et une hauteur de 1 à 2 centimètres: le brûleur est alors sur le point de s'allumer en dedans. On tournera la virole jusqu'à faire disparaître le ronflement et le cône bleu. Quand un brûleur s'allume en dedans, il faut immédiatement l'éteindre et le rallumer comme il a été dit ci-dessus.

Certains modèles de brûleurs sont disposés de façon à porter la virole et la partie rétrécie DE du tube d'arrivée du gaz sur leur partie horizontale. Le tube AB est alors courbé vers son milieu. La partie verticale de ces brûleurs est donc très courte.

Fourneaux a gaz. — On les emploie pour chauffer les ballons, et les cornues de dimensions grandes ou moyennes. Ils chauffent généralement moins que les brûleurs et leur emploi ne présente aucune difficulté. Certains modèles portent des orifices analogues aux orifices *o* des brûleurs Bunsen, mais sans virole. Ils donnent une flamme plus chaude, mais il faut éviter qu'ils ne s'allument en dedans. Il suffit, en général, pour cela, d'attendre que le gaz ait chassé tout l'air et de l'allumer en approchant une flamme du côté opposé à celui où se trouve l'orifice d'accès de l'air. Si, malgré ces précautions, il s'allumait en dedans, on l'éteindrait et on recommencerait de la même manière. Au bout de deux ou trois opérations au plus, on arrive à l'allumer convenablement.

Fourneaux a réverbère. — Ils sont employés pour obtenir des températures assez élevées (500° à 1000°) et servent, suivant qu'ils sont ronds ou longs, à chauffer des cornues ou des tubes de grès ou de porcelaine. Les cornues sont maintenues en place en faisant reposer leur panse sur une colonne de petits cylindres de grès, appelés *fromages*, que l'on dispose au centre du fourneau. Les tubes reposent dans des encoches spéciales taillées dans le fourneau.

L'appareil étant complètement monté, on met au fond du fourneau des copeaux, puis des morceaux de bois sec, enfin quelques fragments de charbons de bois. Eviter de remplir le fourneau avec du charbon, le tirage se ferait mal et l'allumage serait difficile. On peut activer le tirage en plaçant au-dessus du fourneau, une cheminée artificielle en tôle. Quand le charbon est bien enflammé, on en ajoute peu à peu de nouvelles quantités, jusqu'à remplir le fourneau.

DES PRODUITS
A EMPLOYER DANS LES PRÉPARATIONS

Lorsqu'un appareil est complètement monté, on verse dans les flacons laveurs, les liquides destinés à purifier ou à dessécher le gaz et on se procure les corps que l'on doit faire réagir.

Deux cas peuvent se présenter, suivant que la réaction a lieu à froid ou à chaud.

1er Cas. — La réaction se produit à froid

On règle la réaction en faisant le mélange des produits par petites portions. Dans ce but, comme ces produits sont généralement un corps solide et un corps liquide (un acide le plus souvent), on met d'abord une certaine quantité de corps solide (50 à 100 gr. environ) dans le flacon à deux tubulures, puis on verse peu à peu le liquide par le tube droit, de manière à obtenir un dégagement gazeux qui ne soit ni trop lent, ni trop rapide. Quand le dégagement se ralentit, on verse une nouvelle quantité de liquide.

Il est généralement bon, après avoir mis le corps solide dans le flacon, d'y verser un peu d'eau (à moins qu'elle n'intervienne activement dans la réaction). Elle sert à diluer l'acide que l'on versera et qui, étant souvent trop concentré, produirait une réaction tumultueuse; elle peut aussi être utilisée pour vérifier une dernière fois s'il n'y a pas de fuite au flacon. Enfin sa présence présente un autre avantage : elle sert, surtout au début de l'opération, à empêcher un échauffement trop considérable, résultant de la chaleur dégagée de la réaction ; cet échauffement pourrait, dans certains cas, modifier la nature de la réaction. C'est ainsi que, dans la préparation de l'hydrogène par l'action de l'acide sulfurique étendu sur le zinc, si la température du mélange s'élève, l'hydrogène réduit l'acide sulfurique avec production d'hydrogène sulfuré. Lorsque ces dégagements de chaleur se produisent malgré la présence de l'eau et quoique l'on ait pris la précaution de verser lentement le liquide, on plongera le flacon dans l'eau froide.

2me *Cas.* — La réaction se produit à chaud

Le mélange de tous les produits doit ici être fait dans le ballon avant le commencement de la réaction. Il faut donc connaître les poids relatifs des corps à employer. On calcule ces poids relatifs au moyen de la formule de la réaction ; mais il n'est généralement pas nécessaire de prendre exactement les proportions théoriques. Quelques exemples montreront comment se fait ce calcul.

1er *Exemple.* — PRÉPARATION DE L'ANHYDRIDE SULFUREUX AU MOYEN DU CUIVRE ET DE L'ACIDE SULFURIQUE. — La formule de la réaction est la suivante :

$$Cu + 2SO^4H^2 = SO^4Cu + SO^2 + 2H^2O$$

Elle montre qu'un poids de cuivre égal à son poids atomique (63) se combine à un poids d'acide sulfurique égal à deux fois son poids moléculaire. Le poids moléculaire de l'acide sulfurique s'obtiendra en faisant la somme des poids atomiques de ses éléments, c'est-à-dire :

$$\begin{aligned} S &= 32 \\ O^4 &= 16 \times 4 = 64 \\ H^2 &= 1 \times 2 = 2 \\ \text{Poids moléculaire } SO^4H^2 &= 98 \end{aligned}$$

Il faudrait donc employer 63 grammes de cuivre et $98 \times 2 = 196$ grammes d'acide sulfurique, soit environ trois fois plus d'acide que de métal. Mais l'acide même concentré, ne correspond jamais exactement à la formule SO^4H^2 ; il contient toujours un peu d'eau en plus. Pratiquement, on prendra un petit excès d'acide sulfurique, par exemple 50 grammes Cu et 200 grammes SO^4H^2.

2me *Exemple.* — Préparation du gaz ammoniac par la chaux et le chlorure d'ammonium (*chlorhydrate d'ammoniaque*). — La formule classique de la réaction est :

$$2AzH^4Cl + CaO = CaCl^2 + 2AzH^3 + H^2O$$

Elle indique que deux molécules de chlorure d'ammonium se combinent à une molécule de chaux. Les poids moléculaires de ces corps sont :

$$\begin{aligned} Az &= 14 & & \\ H^4 &= 4 & Ca &= 40 \\ Cl &= 35{,}5 & O &= 16 \\ AzH^4Cl &= 53{,}5 & CaO &= 56 \end{aligned}$$

On devrait donc employer théoriquement 53,5 $\times$ 2 = 107 grammes de chlorure d'ammonium pour 56 grammes de chaux vive, soit environ deux fois plus du premier corps que du second.

Mais il faut remarquer que la chaux du commerce, provenant de la calcination du carbonate, n'est jamais pure. Elle contient les impuretés du calcaire employé et une certaine quantité de ce calcaire non décomposé ; enfin une partie de la chaux s'est carbonatée et hydratée à l'air, depuis sa préparation, si elle n'a pas été soigneusement conservée en vase clos. Il faudra donc, pour avoir un certain poids de chaux, en prendre un poids bien plus considérable.

Il y a encore lieu de remarquer que la réaction que nous avons écrite ci-dessus n'est pas la seule qui se produise. Il se produit encore les suivantes :

1° Le chlorure de calcium formé donne, avec la chaux, un oxychlorure de calcium ;

2° L'eau qui prend naissance est absorbée par la chaux.

On devra donc, pour toutes ces raisons, employer un poids de chaux bien supérieur au poids théorique. On prendra, par exemple, 50 grammes de chlorure d'ammonium et 100 grammes de chaux vive.

3me *Exemple*. — Préparation du chlore par le bioxyde de manganèse et l'acide chlorhydrique. —
La formule de la réaction est :

$$MnO^2 \times HCl = MnCl^2 + 2H^2O + Cl^2$$

Calculons les poids moléculaires de MnO^2 et de HCl :

$$
\begin{array}{rlcrl}
Mn & = 55 & \qquad & H & = 1 \\
O^2 & = 16 \times 2 = 32 & & Cl & = 35{,}5 \\
\hline
Mn\,O^2 & = 87 & & HCl & = 36{,}5
\end{array}
$$

On devra donc faire réagir 87 grammes MnO^2 sur $36{,}5 \times 4 = 146$ grammes HCl.

Mais l'acide chlorydrique que l'on emploie est une dissolution de ce gaz. Or, dans cette préparation, il est nécessaire de faire intervenir l'acide concentré du commerce qui marque 22° Baumé et contient 34 °/₀ d'acide, c'est-à-dire environ le tiers de son poids. Il faudra donc tripler le poids d'acide trouvé théoriquement pour obtenir le poids de dissolution à employer. Ainsi on prendra 87 grammes de MnO^2 et $146 \times 3 = 438$ grammes de HCl en dissolution concentrée, soit environ cinq fois plus d'acide que de bioxyde. Ce dernier corps, qui est un produit naturel, n'étant pas toujours bien pur, on emploiera 1 partie de bioxyde et 4 parties d'acide ; par exemple : 50 grammes de bioxyde de manganèse avec 200 grammes d'acide chlorhydrique concentré.

Remarques. — 1° On voit par ces exemples, qu'on ne s'attache pas à prendre exactement les poids de matière calculés théoriquement. Aussi est-il tout à fait inutile de faire avec soin les pesées correspondantes ; une erreur de quelques grammes est sans importance.

2° On commence par peser le corps solide et on

l'introduit dans le ballon en ayant soin de le faire glisser sur les parois du col, inclinées presque horizontalement ; si on l'y laissait tomber directement il pourrait en briser les parois minces. On adapte ensuite le bouchon muni de ces tubes, on réunit les diverses parties de l'appareil avec des raccords en caoutchouc et on verse le liquide par le tube droit au moyen d'un petit entonnoir effilé.

3° *Lorsqu'on a versé tout le liquide*, on chauffe, d'abord lentement, puis un peu plus fort si c'est nécessaire. Pendant l'opération, on règle la flamme de manière à obtenir un dégagement gazeux qui ne soit ni trop lent, ni trop rapide. On laisse perdre les premières portions de gaz qui se dégagent parce qu'elles renferment de l'air ; on le recueille ensuite dans des éprouvettes ou des flacons préalablement remplis d'eau et retournés au-dessus de l'extrémité du tube abducteur qui plonge dans la cuve à eau. Si le gaz est soluble dans l'eau, on le recueille sur le mercure.

QUELQUES EXPÉRIENCES A FAIRE AVEC LES GAZ

Nous indiquerons seulement quelques-unes des expériences que l'on a à répéter le plus fréquemment avec les corps gazeux.

Solubilité

Le gaz est recueilli dans une éprouvette sur le mercure ; quand elle est pleine on la retire de la cuve en glissant au-dessous une soucoupe en porcelaine. On verse sur le mercure de la soucoupe de l'eau qui se répand à la surface de ce métal (Fig. 20)

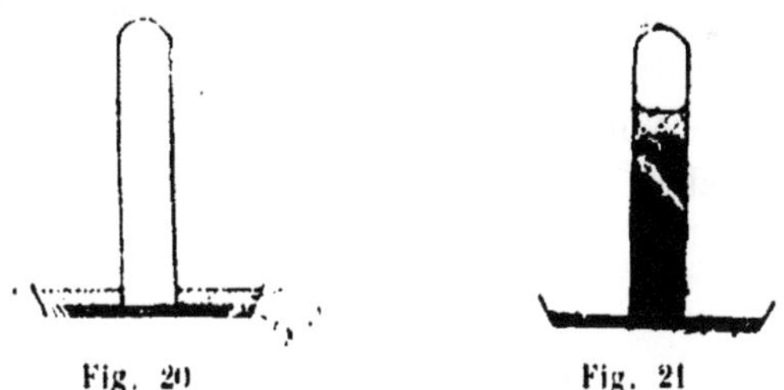

Fig. 20 Fig. 21

et on soulève lentement l'éprouvette. Lorsque son orifice inférieur arrive au niveau de l'eau, le gaz se dissout dans ce liquide ; on voit alors l'eau et le mercure s'élever dans l'éprouvette et la remplir plus ou moin (Fig. 21) suivant la pureté du gaz et sa plus ou moins grande solubilité. Au fur et à mesurer que l'ascension se produit, on verse dans la soucoupe de l'eau ou du mercure pour remplacer le liquide qui pénètre dans l'éprouvette.

On peut encore, laissant l'éprouvette sur la cuve à mercure, y introduire de l'eau soit avec une pipette recourbée, soit plutôt au moyen d'une petite éprouvette de verre (Fig. 21 *bis*) de 8 à 10 millimètres de diamètre sur 4 ou 5 centimètres de longueur. Quand on emploie la pipette, il faut la remplir presque complètement d'eau, introduire son extrémité recourbée sous l'éprouvette dans le mercure, et souffler par l'autre extrémité pour en faire sortir une certaine quantité d'eau. Avec la petite éprouvette, il est plus aisé de faire passer au contact du gaz la quantité d'eau que l'on veut employer. On la remplit d'eau, on la bouche avec le doigt, on la fait passer sous l'éprouvette contenant le gaz, on retire le doigt et l'eau s'élève à la surface du mercure, au contact du gaz. Si on veut employer un volume d'eau inférieur à la capacité de l'éprouvette, on met au fond de celle-ci un peu de mercure.

Fig. 21 *bis*

Combustibilité

Les gaz combustibles contiennent, en général, du carbone et de l'hydrogène ou, tout au moins, l'un de ces deux éléments. Leur flamme est d'autant plus éclairante qu'ils contiennent plus de carbone ; c'est ainsi que l'hydrogène brûle avec une flamme presque invisible, celle du formène (CH^4) est pâle, celle de l'éthylène (C^2H^4) est éclairante, celle des vapeurs de benzène (C^6H^6) est fuligineuse. Les flammes de certains gaz possèdent quelquefois une couleur particulière et caractéristique : l'oxyde de carbone brûle avec une flamme bleue, celle du cyanogène est pourpre, celle de certains composés organiques chlorés, le chlorure d'éthyle par exemple, est bordée de vert. Il se produit, dans ces combustions, de l'anhydride carbonique quand le gaz contient du carbone, de la vapeur d'eau quand il contient de l'hydrogène, et de l'acide chlorhydrique quand c'est un composé chloré et hydrogéné. Inversement, la présence de ces gaz dans les produits de la combustion indique celle du carbone, de l'hydrogène ou du chlore dans les gaz primitifs.

On décèle la présence de l'anhydride carbonique au moyen de l'eau de chaux que l'on verse dans l'éprouvette après la combustion : par agitation on obtient un précipité blanc de carbonate de calcium. La présence de la vapeur d'eau est facile à constater, car elle se dépose en buée sur les parois internes de l'éprouvette. Enfin, l'acide chlorhydrique donne, avec le nitrate d'argent, un précipité blanc, abondant, de chlorure d'argent, bleuissant à la lumière, soluble dans l'ammoniaque et dans l'hyposulfite de sodium.

C'est un fait curieux que le chlore des composés organiques ne précipite pas directement par le nitrate d'argent ; il faut le transformer auparavant en acide chlorhydrique par la combustion. Ainsi si, dans une éprouvette contenant du chlorure d'éthyle

(C^2H^5Cl) on verse du nitrate d'argent, il ne se produit rien ; mais si on enflamme le gaz, on voit le précipité se former au fur et à mesure que la combustion se propage.

Lorsqu'on fait brûler un gaz dans le but de recueillir les produits gazeux de la combustion, il est bon d'opérer *l'orifice de l'éprouvette en bas* en l'inclinant un peu pour ne pas se brûler (Fig. 22). Les gaz qui prennent naissance dans la flamme étant chauds, tendent à s'élever et à venir se loger au sommet de l'éprouvette, même si leur densité à la température ordinaire est élevée, comme l'anyhdride carbonique par exemple. Si on faisait la combustion l'orifice en haut, on n'en recueillerait qu'une petite quantité.

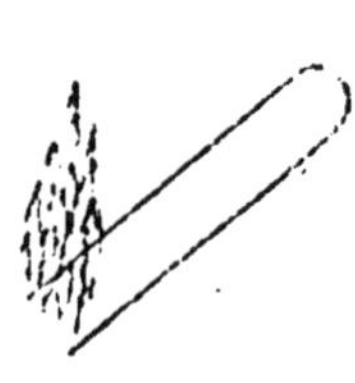
Fig. 22

Remarque. — Les gaz combustibles forment avec l'air des mélanges détonants. De pareils mélanges se produiront donc, dans les appareils, au commencement de la préparation. Aussi sera-t-il prudent pour éviter des explosions parfois dangereuses, de n'approcher aucune flamme de l'appareil tant que l'air n'en aura pas été chassé. On devra, notamment, laisser le tube abducteur constamment plongé dans la cuve à eau pour éviter l'inflammation accidentelle du gaz à son extrémité. On pourra, sans inconvénient, recueillir le gaz qui se dégage dans des éprouvettes que l'on présentera à une flamme quand elles seront pleines ; un mélange de gaz combustible et d'air détone sans danger dans une éprouvette. Il sera même bon de faire cette expérience, car elle permettra de voir si le gaz que l'on recueille est pur ou s'il contient encore de l'air : le gaz est pur lorsqu'il brûle sans détoner. Cette vérification sera indispensable lorsqu'on aura à enflammer le gaz à l'extrémité du tube abducteur (expérience de l'harmonica chimique avec l'hydrogène), ou à chauffer l'appareil en un de ses points (réduction des oxydes par l'hydrogène) ; on devra s'assurer auparavant que tout l'air a bien été chassé de l'appareil.

Expériences de combustion

Certains gaz (oxygène, protoxyde d'azote) entretiennent et activent la combustion ; les corps combustibles que l'on y plonge (Ph, S, C, Fe) y brûlent avec éclat.

Ces expériences peuvent se faire dans des flacons à large goulot de 250 à 500 centimètres cubes (fig. 23), remplis de gaz comburant. Le corps combustible est placé dans une coupelle suspendue à un fil de fer dont l'autre extrémité est fixée au centre d'un disque de liège. Il faut éviter d'employer trop du corps combustible, surtout dans le cas du soufre ou du phosphore ; un excès coulerait sur les parois de la coupelle et du flacon ou s'enflammerait à l'air lorsqu'on retirerait la coupelle : un ou deux grammes suffisent parfaitement. Le phosphore devra être coupé sous l'eau

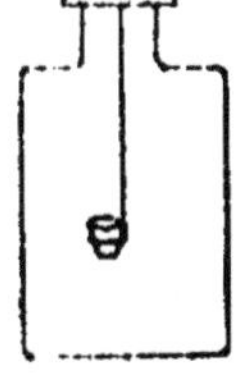

Fig. 23

puis desséché rapidement entre des petits carrés de papier filtre avant d'être introduit dans la coupelle.

On commence par s'assurer que la coupelle passe aisément dans le goulot du flacon, puis on y met le corps à brûler, on l'enflamme, par exemple en projetant sur lui la flamme d'un brûleur Bunsen, et on l'introduit dans le flacon. Si on opère dans l'oxygène, il suffira d'enflammer les corps combustibles en quelques points ; il faudra au contraire les chauffer fortement (sauf le phosphore) si on doit les plonger dans le protoxyde d'azote. Dans le cas du phosphore, il est prudent de n'enflammer ce corps qu'après l'avoir introduit dans le flacon, en le touchant avec une baguette de verre ou une tige de fer légèrement chauffée. Si on commençait par y mettre le feu, l'opérateur, ébloui par la lumière éclatante qui se produit, s'exposerait à manquer l'orifice du goulot et à renverser le phosphore enflammé sur la table du laboratoire.

Le *Phosphore* brûle avec flamme parce qu'il est volatil. Cette flamme est éclairante parce que, dans la combustion, il se produit un corps solide, l'anhydride phosphorique, qui est porté à l'incandescence.

$$2P + 5O = P^2O^5$$

Cet anhydride se dépose sur les parois du flacon sous forme de poussière blanche, très avide d'eau avec laquelle elle donne de l'acide phosphorique en produisant un grand dégagement de chaleur. Si on verse dans le flacon, après la combustion, de la teinture de tournesol, elle prendra la couleur rouge pelure d'ognon caractéristique des acides forts.

Le *Soufre* brûle également avec flamme, parce qu'il est volatil ; mais cette flamme est peu éclairante car elle ne contient pas de corps solide porté à l'incandescence. Il se produit de l'anhydride sulfureux :

$$S + 2O = SO^2$$

dont on reconnait la présence par la vérification des propriétés suivantes :

Il possède une odeur suffocante bien connue, celle qui se produit quand on enflamme une allumette soufrée. Il est très soluble dans l'eau. On le constate en versant quelques centimètres cubes de ce liquide dans le flacon que l'on bouche aussitôt avec la paume de la main et que l'on agite ; par suite de la dissolution du gaz dans l'eau, il se produit un vide dans le flacon qui reste fixé à la main (comme une ventouse) par l'effet de la pression atmosphérique extérieure. Enfin ce gaz, qui est un acide fort, donne à la teinture de tournesol la couleur rouge pelure d'ognon.

Le *Charbon* (on emploie un petit morceau de charbon de bois) brûle sans flamme parce qu'il n'est pas volatil, en donnant de l'anhydride carbonique :

$$C + 2O = CO^2$$

On reconnait la présence de ce gaz à ce qu'il trouble l'eau de chaux et donne à la teinture de tournesol la couleur rouge vineux caractéristique des acides faibles.

Le *Fer* peut aussi brûler, mais dans l'oxygène seulement. L'expérience se fait au moyen d'un fil de clavecin ou d'un ressort de montre auquel on donne la forme d'une hélice en l'enroulant sur un tube de verre. Si on emploie un ressort de montre, qui est en acier trempé, il faudra d'abord le détremper pour pouvoir l'enrouler ; il suffit pour cela de le porter au rouge dans la flamme d'un brûleur et de le laisser refroidir. Une des extrémités de l'hélice est fixée au centre d'un disque de liège ; à l'autre extrémité on dispose un morceau d'amadou (Fig. 24) On enflamme cet amadou dans la flamme d'un brûleur en ayant soin de chauffer en même temps la partie inférieure du fil de fer pour faciliter sa combustion. On le porte immédiatement dans le flacon contenant de l'oxygène et on constate la production de brillantes étincelles qui jaillissent de tous côtés. Il se produit de l'oxyde magnétique de fer :

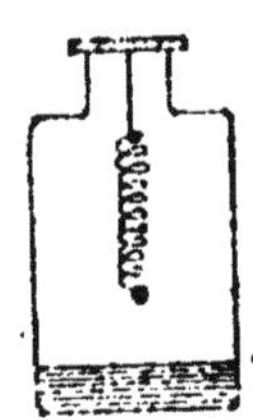

Fig. 24

$$3Fe + 4O = Fe^3O^4$$

Les globules d'oxyde de fer qui se détachent du fil sont à une température très élevée et peuvent casser le fond du flacon en y tombant. Aussi est-il prudent d'y laisser une certaine quantité d'eau pour refroidir cet oxyde. Cette précaution n'est même pas toujours suffisante : il arrive parfois que l'oxyde, après avoir traversé l'eau, est encore assez chaud pour s'incruster au fond du flacon et le briser.

ANALYSE QUALITATIVE

Nous nous bornerons à indiquer la recherche des substances que l'on rencontre le plus fréquemment en analyse, en laissant de côté les corps rares que les débutants n'ont guère à étudier et dont les réactions sont le plus souvent assez délicates.

Appareils. — Les appareils nécessaires pour faire de l'analyse qualitative sont peu nombreux. Ce sont :

1° Des Tubes à essais. — Ce sont des tubes en verre mince, de 12 à 15 millimètres de diamètre sur 15 à 18 centimètres de longueur, fermés à une extrémité par un fond arrondi et de la même épaisseur que les parois, coupés circulairement et bordés à l'autre extrémité. Ils peuvent être chauffés ;

2° Un support pour ces tubes ;

3° Un brûleur Bunsen ;

4° Un support Berthelot ou un trépied métallique, avec une toile métallique ;

5° Une pince en bois ;

6° Quelques petites capsules de porcelaine ;

7° Quelques verres à expériences ;

8° Quelques petits entonnoirs en verre ;

9° Un support à entonnoirs ;

10° Une fiole à jet ou pissette, contenant de l'eau distillée ;

11° Quelques baguettes de verre ;

12° Un petit fil de platine terminé en boucle à l'une

Fig. 25

de ses extrémités et soudé à l'autre dans un morceau de tube de verre (Fig. 25).

RECHERCHE D'UN SEL UNIQUE SOLUBLE DANS L'EAU

Définitions et généralités. — Un sel résulte de l'union d'un acide et d'une base. On peut encore dire qu'un sel est le résultat de la substitution d'un métal à l'hydrogène d'un acide. La détermination de la nature d'un sel exige donc la recherche de la base ou du métal et de l'acide qui le constituent. Ces deux recherches se font successivement en deux opérations distinctes. Elles sont basées sur la connaissance de ce qu'on appelle les *caractères des bases ou des métaux* et les *caractères des acides.*

On appelle *caractères d'une base ou d'un métal*, l'ensemble des propriétés communes à tous les sels de cette base ou de ce métal, quel que soit l'acide.

De même, les *caractères d'un acide* sont l'ensemble des propriétés communes à tous les sels de cet acide, quel que soit le métal ou la base qui lui est combiné.

La vérification de ces caractères se fait, en général, dans les tubes à essais; les corps que l'on ajoute aux sels pour les produire, s'appellent des *réactifs*. Ils sont contenus dans des flacons que l'on place dans les casiers d'une boite disposée à cet effet et appelée *boite à réactifs*. Il importe que ces réactifs y soient placés dans un ordre bien déterminé et toujours le même, afin de pouvoir les retrouver aisément. On placera, par exemple, d'abord les acides, puis les chlorures, puis les nitrates, etc., en évitant de mettre dans le voisinage l'un de l'autre, des corps qui puissent réagir entre eux, surtout si l'un d'eux est volatil ; ainsi l'acide chlorhydrique sera placé loin des bases et l'ammoniaque loin des acides.

Ces réactifs sont toujours des *corps purs*, solides, liquides ou dissous. Leur dissolution, comme d'ailleurs celle des sels à analyser, devra toujours être faite avec de l'eau distillée bien pure. La moindre trace d'impuretés pouvant modifier leurs réactions, il importe absolument de ne pas en introduire : on aura soin de ne faire aucun essai analytique au-dessus de la boîte à réactifs, afin que quelques gouttes de liquide tombées accidentellement, n'aillent pas salir les flacons placés au-dessous. On évitera également de poser les bouchons (en général en verre) sur les tables : ils pourraient s'y souiller d'impuretés qui seraient ensuite introduites dans le flacon ; ils pourraient aussi se mélanger quand on emploie plusieurs flacons en même temps. On peut les saisir par leur partie plate, entre le troisième et le quatrième doigt de la main droite, de façon que leur partie cylindrique, qui est mouillée, soit hors de la main avec laquelle on saisit les flacons.

On ne saurait trop recommander *la plus grande propreté* aux personnes qui font de l'analyse ; bien souvent des erreurs sont commises pour avoir négligé cette précaution. Les tubes à essais, notamment, doivent être soigneusement lavés, après chaque analyse, avec de l'eau ordinaire, brossés intérieurement avec un goupillon, lavés de nouveau et retournés sur le porte-tubes pour les faire égoutter.

Lorsqu'on veut vérifier un caractère, on commence par verser une petite quantité du sel dissous dans un tube à essais (1/2 centimètre cube à 1 centimètre cube sauf indications contraires), puis, peu à peu et *très lentement*, le réactif. Cette dernière recommandation est très importante, nous verrons pourquoi à propos de certains exemples. Il faut observer très attentivement *tout ce qui se passe* pendant que l'on verse le réactif et même quelques instants après.

FILTRES. — Les filtres employés en analyse sont généralement de petits filtres sans plis que l'on prépare de la manière suivante :

On prend un carré de papier filtre ABCD (Fig. 26) de 12 à 15 centimètres de côté. On le plie d'abord en

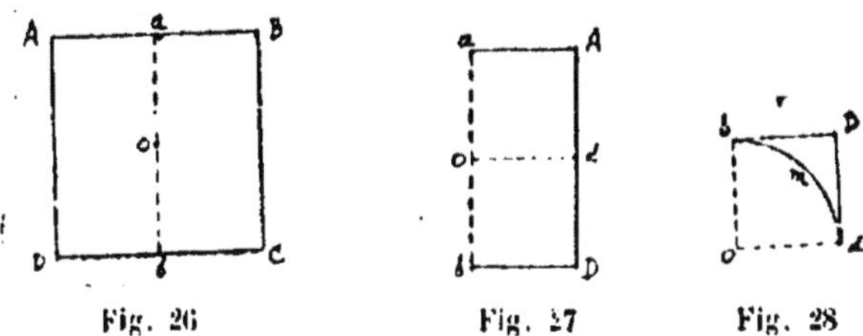

Fig. 26 Fig. 27 Fig. 28

deux suivant la ligne *aob* parallèle à deux des côtés (Fig. 27), puis suivant la ligne *od* perpendiculaire à la précédente. On a alors un carré *obDd* (Fig. 28). On le coupe avec des ciseaux suivant un arc de cercle *bmd* ayant le point *o* pour centre et *ob* pour rayon. On a ainsi quatre feuilles superposées, séparées suivant l'arc de cercle *bmd* et se rejoignant en *o*. On ouvre le filtre de façon à lui donner la forme d'un cône de sommet *o* en laissant trois feuilles d'un côté et une seule de l'autre. On le place dans un entonnoir où on l'applique en le mouillant avec un peu d'eau distillée.

Ces filtres laissent passer les liquides moins rapidement que les filtres à plis, mais cet inconvénient est de peu d'importance, car, en analyse, on a presque toujours de petites quantités de liquide à filtrer. En revanche, ils présentent l'avantage d'être vite faits et de permettre de bien laver les précipités qui ne peuvent pas se loger dans les plis.

Nous allons maintenant donner les caractères analytiques des métaux, puis ceux des acides. Nous indiquerons, en note, les difficultés qui peuvent se présenter dans leur vérification, ainsi que le moyen de les résoudre.

CARACTÈRES DES SELS MÉTALLIQUES

Au point de vue analytique, on peut partager les métaux en cinq groupes qui sont :

Groupe	Caractère	Subdivision	Caractère de la subdivision	Métaux
1ᵉʳ Groupe	Métaux précipitant par HCl			Ag ; Hg (au minimum) ; Pb.
2ᵉ Groupe	Métaux précipitant par H^2S en liqueur acide	1ʳᵉ subdivision	Sulfures solubles dans $(AzH^4)^2S$	Au ; Sb ; Sn (minimum et maximum) ; As (minimum et maximum)
		2ᵉ subdivision	Sulfures insolubles dans $(AzH^4)^2S$	Cd ; Cu ; Bi ; Hg (au minimum) ; Pl
3ᵉ Groupe	Métaux ne précipitant pas par H^2S en liqueur acide, mais précipitant par $(AzH^4)^2S$	1ʳᵉ subdivision	Métaux précipitant par AzH^4Cl en excès et AzH^4OH (métaux à sesquioxydes)	Al ; Cr ; Fe (au maximum).
		2ᵉ subdivision	Métaux ne précipitant pas par AzH^4Cl en excès et AzH^4OH (métaux à protoxydes)	Fe (au minimum) ; Zn ; Mn ; Ni ; Co.
4ᵉ Groupe	Métaux précipitant par le carbonate d'ammonium en présence de AzH^4Cl en excès (Métaux alcalino-terreux).			Ca ; Sr ; Ba ;
5ᵉ Groupe	Métaux ne précipitant par aucun des réactifs précedents. (Mg et Métaux alcalins).			Mg ; AzH^4 ; K ; Na ;

1er Groupe

CARACTÈRES DES SELS D'ARGENT

Les sels d'argent sont incolores quand leur acide est lui-même incolore. Ils sont facilement décomposés par la lumière avec production d'argent pulvérulent noir; aussi doit-on les conserver dans des flacons en verre coloré. Le plus répandu parmi les sels solubles est l'azotate d'argent.

Acide chlorhydrique ou chlorures solubles. — Précipité (1) *blanc*, abondant (2), floconneux, de chlorure d'argent, bleuissant à la lumière (lentement à la lumière diffuse, rapidement à la lumière solaire), soluble dans l'ammoniaque et dans l'hyposulfite de sodium (3); très peu soluble, même à chaud, dans l'acide chlorhydrique.

(1) On donne le nom de *précipités* aux composés insolubles ou peu solubles qui se forment lorsqu'on mélange deux réactifs appropriés. Ils se déposent, en général, au fond des tubes à essais ; quelquefois il restent en suspension dans le liquide.

(2) Ce précipité doit toujours être abondant, même en liqueur étendue. Lorsqu'on observe un simple trouble blanchâtre, il est dû, le plus souvent, à des traces d'eau ordinaire restées dans le tube après le lavage ; l'eau ordinaire contient en effet des chlorures. Dans ce cas, on lavera le tube à l'eau distillée et on recommencera le caractère.

(3) Lorsqu'on veut vérifier la solubilité dans l'hyposulfite de sodium, il est préférable de produire le précipité avec un chlorure plutôt qu'avec de l'acide chlorhydrique, parce que les acides décomposent l'hyposulfite avec dépôt de soufre dont la production masquerait la dissolution du précipité. Tout au moins, si on a employé l'acide, doit-on en enlever l'excès en la-

Hydrogène sulfuré (1). — Précipité *noir* de sulfure d'argent, soluble dans l'acide azotique avec dépôt de soufre, insoluble dans le sulfure d'ammonium.

Sulfure d'ammonium. — Même précipité (2).

Potasse ou *soude*. — Précipité *brun*, d'oxyde d'argent, très soluble dans l'ammoniaque.

Ammoniaque. — Même précipité, très soluble dans excès de réactif (3).

vant le précipité. Il suffit pour cela de remplir le tube avec de l'eau distillée, d'agiter et de laisser reposer. Le chlorure d'argent se rassemble rapidement au fond du tube et on enlève le liquide surnageant par décantation, c'est-à-dire en inclinant lentement le tube pour faire écouler ce liquide sans entraîner le précipité.

(1) On emploie, généralement, en analyse, la dissolution d'hydrogène sulfuré. On la prépare avec de l'eau préalablement bouillie, pour en chasser l'air dissous, et on la conserve à l'abri de l'air en plongeant le goulot du flacon soigneusement bouché dans un vase contenant de l'eau (Fig. 29). Si on négligeait cette précaution, l'oxygène de l'air décomposerait l'hydrogène sulfuré d'après la réaction : $H^2S + O = H^2O + S$.

Fig 29

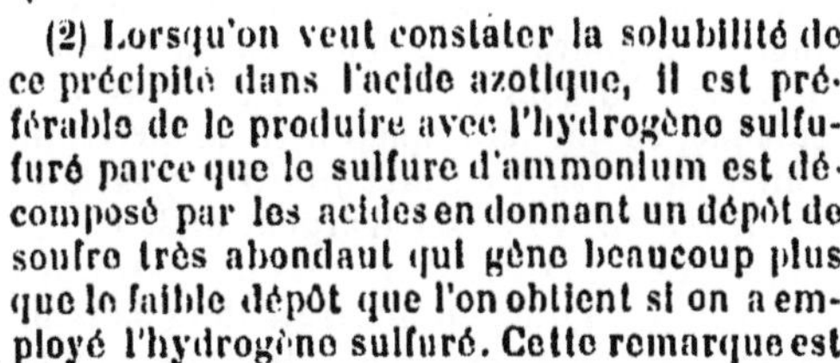

(2) Lorsqu'on veut constater la solubilité de ce précipité dans l'acide azotique, il est préférable de le produire avec l'hydrogène sulfuré parce que le sulfure d'ammonium est décomposé par les acides en donnant un dépôt de soufre très abondant qui gêne beaucoup plus que le faible dépôt que l'on obtient si on a employé l'hydrogène sulfuré. Cette remarque est générale ; on doit éviter de mettre des acides en présence du sulfure d'ammonium.

(3) Toutes les fois qu'un précipité doit être soluble dans excès de réactif, il faut avoir soin d'employer **très peu** de ce réactif si on veut observer le phénomène ; si on en verse trop, le pré-

Carbonate de sodium ou *carbonate d'ammonium.* — Précipité *blanc* de carbonate d'argent.

Phosphate de sodium. — Précipité *jaune* de chromate d'argent, soluble dans l'ammoniaque et dans l'acide azotique.

Chromate de potassium. — Précipité *rouge* de chromate d'argent, soluble dans l'ammoniaque et dans l'acide azotique.

Zinc. — Dépôt *gris* ou *noirâtre* d'argent métallique.

CARACTÈRES DES SELS MERCUREUX (1)

Eau. — Un excès d'eau décompose les sels neutres solides, en particulier l'azotate, en donnant un sel acide soluble et un sel basique insoluble.

Acide chlorhydrique ou *chlorures solubles.* — Précipité *blanc* de sous-chlorure de mercure (*calomel*), noircissant par l'ammoniaque, devenant gris à la lumière.

cipité disparaît aussitôt formé et on ne le voit pas. Dans le cas actuel, on prendra un ou deux centimètres cubes de la dissolution du sel d'argent et on y versera **une seule goutte** d'ammoniaque, ce qui fera apparaître le précipité : on le fera disparaître en versant ensuite *goutte à goutte* de nouvelles quantités de réactif. Si le sel d'argent était en dissolution étendue, il se pourrait que ce fût trop d'une goutte d'ammoniaque pour obtenir le précipité ; on mettrait alors dans un verre un peu de cette ammoniaque, on l'étendrait d'eau et on emploierait comme réactif cette dissolution étendue.

(1) Ce sont les sels dans la composition desquels entre le sous-oxyde Ag^2O. On les appelle aussi sels de mercure au minimum ou sels de protoxyde de mercure. Cette dernière expression est mauvaise ; elle prête à l'ambiguïté.

Hydrogène sulfuré. — Précipité *noir*, constitué par un mélange de bisulfure de mercure et de mercure métallique très divisé, insoluble dans le sulfure d'ammonium.

Sulfure d'ammonium. — Même précipité.

Potasse ou *soude.* — Précipité **noir** (1) d'oxyde mercureux.

Ammoniaque. — Même précipité.
Iodure de potassium. — Précipité **jaune-verdâtre** d'iodure mercureux.

Lame de cuivre. — Plongée dans une dissolution d'un sel mercureux, elle se colore en *gris* par suite de la formation d'amalgame. Cette coloration disparaît sous l'action de la chaleur (2).

Carbonate de sodium solide. — Les sels de mercure **solides** (qu'ils soient mercureux ou mercuriques), chauffés dans un petit tube de verre (3) avec du car-

(1) Ce caractère et les deux suivants sont particulièrement importants pour distinguer les sels mercureux des sels mercuriques qui, comme on le verra plus loin, donnent, avec ces mêmes réactifs, des précipités de couleurs différentes.

(2) Pour faire disparaître cette coloration grise, on retire la lame de la dissolution et on la chauffe *légèrement*, de préférence par conductibilité, dans la flamme d'un brûleur. Si on chauffait trop fort, le cuivre se recouvrirait d'une couche noire d'oxyde qui masquerait la réapparition du métal.

(3) Ce caractère se fait avec un petit tube à essais que l'on construit soi-même au moyen d'un bout de tube abducteur de 7 à 8 millimètres de diamètre et de 10 à 12 centimètres de longueur. On ferme une de ses extrémités à la soufflerie en lui donnant la forme d'une calotte sphérique ayant partout la

bonate de sodium sec, dégagent du mercure qui se condense en gouttelettes sur les parois du tube.

CARACTÈRES DES SELS DE PLOMB

Acide chlorhydrique ou *chlorures solubles.* — Précipité *blanc* de chlorure de plomb, un peu soluble dans l'eau froide (1), beaucoup plus soluble dans l'eau chaude (2), cristallisant par refroidissement en belles aiguilles cristallines.

Hydrogène sulfuré. — Précipité *noir* de sulfure de plomb, insoluble dans le sulfure d'ammonium.

Sulfure d'ammonium. — Même précipité.

Iodure de potassium. — Précipité *jaune* d'iodure de plomb, soluble dans l'eau chaude et cristallisant par refroidissement (3) en magnifiques lamelles jaune d'or.

même épaisseur que les parois du tube. On y introduit le sel de mercure et le carbonate de sodium préalablement pulvérisés et bien mélangés, et on chauffe au brûleur.

(1) Par conséquent, on n'obtiendra pas de précipité avec les dissolutions étendues de sel de plomb.

(2) Pour dissoudre le précipité, on y ajoute de l'eau distillée jusqu'à remplir au tiers ou à moitié le tube à essais. On chauffe jusqu'à une faible ébullition que l'on maintient pendant quelques secondes, au bout desquelles le précipité est complètement dissous si on n'en a pas employé une trop grande quantité. On met le tube dans le porte-tubes et *on le laisse refroidir*. Éviter de le plonger dans l'eau froide : les cristaux se déposent plus vite, mais ils sont moins beaux.

(3) On opère comme il vient d'être dit à la note 2.

Chromate de potassium. — Précipité *jaune* de chromate de plomb.

Acide sulfurique ou *sulfates solubles.* — Précipité *blanc* de sulfate de plomb.

Potasse ou *soude.* — Précipité *blanc* d'hydrate d'oxyde de plomb, soluble dans excès de réactif (1).

Ammoniaque. — Même précipité, insoluble dans excès de réactif.

Zinc. — Dépot de plomb métallique, sous forme de *poudre noire*, généralement parsemée de cristaux brillants.

1er Groupe

1re Subdivision

CARACTÈRES DES SELS D'OR

Les sels d'or sont jaunes. Le plus répandu est le chlorure d'or.

Hydrogène sulfuré. — Précipité *noir* (2) de sulfure

(1) Il faudra donc avoir soin de verser le réactif goutte à goutte (Voir note 3, page 55).

(2) Les précipitations par l'hydrogène sulfuré sont généralement faciles à obtenir ; dans les cas où elles ne se produiraient pas immédiatement, on pourrait les faciliter en acidulant *légèrement* la dissolution saline avec une ou deux gouttes d'acide chlorhydrique. Cette remarque est générale pour tous les métaux du deuxième groupe.

d'or, soluble dans le sulfure d'ammonium (1), surtout à chaud, et dans l'eau régale (2).

Sulfure d'ammonium. — Même précipité, soluble dans excès de réactif.

Ammoniaque. — Précipité *jaune-rougeâtre*, d'or fulminant.

Acide oxalique. — Il réduit les sels d'or, surtout à chaud, avec dépôt d'or métallique sous forme de poudre *rouge-brun.*

Sulfate ferreux. — Dépôt d'or métallique.

Mélange de protochlorure et de bichlorure d'étain. — Précipité *rouge-brun, presque noir (pourpre de Cassius)*, avec les liqueurs un peu concentrées. En liqueur étendue, coloration *brun-violet.*

(1) Toutes les fois qu'on veut constater la solubilité d'un sulfure dans le sulfure d'ammonium, il faut prendre garde à une cause apparente d'erreur qui est la suivante : l'hydrogène sulfuré est souvent employé en quantité insuffisante pour précipiter tout le sel à l'état de sulfure ; quand on ajoutera du sulfure d'ammonium, son premier effet sera de précipiter ce qui restait du sel primitif non altéré et, par suite, d'augmenter le précipité de sulfure qui deviendra très abondant. Il faudrait ensuite ajouter un grand excès de sulfure d'ammonium pour le dissoudre complètement, souvent même un plein tube à essais ne suffirait pas. Aussi, est-il prudent d'employer, dans ce cas, très peu du sel primitif et si, malgré cela, on constate qu'après addition d'un peu de sulfure d'ammonium, le précipité a trop augmenté, on en jettera une bonne partie. Cette remarque est générale pour tous les métaux dont les sulfures sont solubles dans le sulfure d'ammonium.

(2) On prépare soi-même l'eau régale en versant dans le tube où se trouve le précipité, environ parties égales d'acides azotique et chlorhydrique.

Ferrocyanure de potassium. — Précipité *vert émeraude* à chaud.

CARACTÈRES DES SELS D'ANTIMOINE

Le clorure d'antimoine est décomposé par l'eau ; il se forme un trouble qui disparaît par action de HCl.

Acide chlorhydrique. — Donne quelquefois un léger précipité *blanc*, soluble dans excès de réactif.

Hydrogène sulfuré. — Précipité *rouge-orangé* de sulfure d'antimoine, soluble dans le sulfure d'ammonium.

Sulfure d'ammonium. — Même précipité, soluble dans excès de réactif.

Potasse ou *soude.* — Précipité *blanc*, d'oxyde d'antimoine hydraté, soluble dans un assez grand excès de réactif.

Ammoniaque. — Même précipité, peu soluble dans excès de réactif.

Azotate d'argent. — Précipité *blanc gris*, d'antimoniate et d'oxyde d'argent, soluble dans les acides.

Zinc. — Dépôt d'antimoine, sous forme de *poudre noire.*

CARACTÈRES DES SELS STANNEUX (1)

Les sels stanneux absorbent facilement l'oxygène

(1) Ce sont les sels dans la composition desquels, entre le protoxyde SnO. On les appelle encore sels d'étain au minimum, ou sels de protoxyde d'étain.

de l'air et se transforment en sels stanniques; aussi est-il très difficile d'avoir un sel de protoxyde d'étain tout à fait pur et ne contenant pas au moins des traces de sel de bioxyde. Le plus répandu est le protochlorure d'étain. Ce sel, soit en cristaux, soit en dissolution, absorbe l'oxygène de l'air en donnant non seulement du bichlorure soluble, mais encore de l'oxychlorure insoluble. C'est pour cela que les dissolutions de protochlorure d'étain se troublent au bout d'un certain temps et que ce protochlorure solide, lorsqu'il a été conservé quelque temps dans un flacon mal bouché, donne, en présence de l'eau, un trouble blanchâtre insoluble. On peut le faire disparaître en ajoutant de l'acide chlorhydrique qui dissout l'oxychlorure.

Hydrogène sulfuré. — Précipité *brun-marron* (1) de protosulfure d'étain, insoluble dans le sulfure d'ammonium neutre, soluble dans le sulfure d'ammonium (2) contenant un excès de soufre (sulfure jaune (3).

Sulfure d'ammonium. — Même précipité, soluble dans excès de réactif.

(1) Il importe de bien observer la couleur de ce précipité et de ne pas le confondre avec les précipités noirs que donne l'hydrogène sulfuré avec plusieurs métaux.

(2) Au sujet de cette solubilité. (Voir la note 1, page 60).

(3) Ce sulfure d'ammonium jaune est celui qu'on emploie habituellement en analyse et qu'on trouve dans les boîtes à réactifs. On constatera donc avec lui la solubilité du précipité. Elle est due à ce que l'excès de soufre transforme le protosulfure précipité en bisulfure, lequel est soluble dans le sulfure d'ammonium neutre.

Potasse ou *soude*. — Précipité *blanc* d'hydrate de protoxyde d'étain, soluble dans excès de réactif (1).

Ammoniaque. — Même précipité, insoluble dans excès de réactif.

Chlorure d'or. — *Rien* quand le sel est pur. S'il contient une petite quantité de sel de bioxyde d'étain ou si on ajoute quelques gouttes d'acide azotique pour oxyder partiellement le sel de protoxyde, production du *pourpre de Cassius*.

Bichlorure de mercure. — Précipité *blanc* de calomel, noircissant par l'ammoniaque, devenant gris à la lumière par formation de mercure métallique, surtout si on a employé un excès de sel stanneux.

Mélange de ferricyanure de potassium et de perchlorure de fer. — Précipité de *bleu de Prusse*, par suite de la réduction du ferricyanure en ferrocyanure (2). Cette réaction est très sensible, mais n'a de valeur que s'il n'y a pas dans la liqueur d'autre substance réductrice que le sel stanneux.

Zinc. — Dépôt d'étain métallique, *gris*, *spongieux*. Ce dépôt se produit plus aisément en présence d'une ou deux gouttes d'acide chorhydrique (3).

(1) Verser le réactif goutte à goutte.

(2) On verra plus loin, à propos des caractères des sels ferriques, que le ferrocyanure de potasssium donne, avec le perchlorure de fer, un précipité de bleu de Prusse.

(3) On retrouve ce caractère chez d'autres métaux, par exemple Pb, Cu, Cd. Il est assez facile à obtenir. Dans le cas où il hésiterait à se produire, on pourrait l'activer en ajoutant une ou deux gouttes d'un acide, de manière à provoquer un léger dégagement d'hydrogène.

CARACTÈRES DES SELS STANNIQUES (1).

Hydrogène sulfuré. — Précipité *jaune* (2) de bisulfure d'étain, soluble dans le sulfure d'ammonium.

Sulfure d'ammonium. — Même précipité, soluble dans excès de réactif.

Potasse ou *soude.* — Précipité *blanc* d'acide stannique, soluble dans excès de réactif.

Ammoniaque. — Même précipité, très peu soluble dans excès de réactif.

Chlorure d'or. — *Rien* quand le sel est pur; s'il contient un peu de sel de protoxyde (3) production du *pourpre de Cassius.*

Zinc. — Dépôt d'étain métallique, *gris, spongieux.* Il est bon d'ajouter une goutte d'acide chlorhydrique.

CARACTÈRES DES ARSÉNITES (4)

Acide chlorhydrique. — En liqueur concentrée, pré-

(1) Ce sont les sels dans la composition desquels entre le bioxyde SnO^2. On les appelle encore sels d'étain au maximum ou sels de bioxyde d'étain.

(2) Ce précipité jaune est toujours très lent à se former, même en liqueur acide. La chaleur favorise sa formation. Pour l'obtenir, dans la liqueur acidulée par HCl on verse de l'hydrogène sulfuré en dissolution, on agite et on chauffe jusqu'à une température voisine de l'ébullition. On y fait ensuite passer un courant de gaz sulfhydrique et on chauffe de temps en temps si c'est nécessaire.

(3) Les sels stanniques (comme tous les sels au maximum) sont généralement purs; ils ne s'altèrent pas à l'air.

(4) Logiquement, les caractères des arsénites et des arséniates devraient trouver leur place parmi les caractères des acides et

cipité *blanc pulvérulent* d'anhydride arsénieux, soluble dans excès d'acide chlorhydrique et dans beaucoup d'eau (1).

Hydrogène sulfuré. — En liqueur acide, précipité *jaune vif* de trisulfure d'arsenic, soluble dans le sulfure d'ammonium, insoluble dans l'acide chlorhydrique, soluble dans l'acide azotique chaud (2) et dans l'ammoniaque. Rien en liqueur neutre ou alcaline.

Sulfure d'ammonium. — Rien en liqueur neutre ou alcaline. En liqueur légèrement acide, même précipité qu'avec H^2S, soluble dans excès de réactif.

Azotate d'argent. — En liqueur neutre, précipité *jaune* d'arsénite d'argent, soluble dans l'acide azotique et dans l'ammoniaque. Si, à cette dissolution ammoniacale, on ajoute un peu de potasse et si on chauffe doucement à une température de 70° à 80°, il se dépose sur les parois du tube un *miroir d'argent.*

non parmi ceux des métaux. Nous les indiquerons cependant ici, parce que, dans l'application de la méthode analytique, on est amené à trouver les arsénites et les arséniates en recherchant les métaux.

(1) Cette réaction est un peu délicate ; si on met trop d'acide chlorhydrique, on redissout le précipité ; si on n'en met pas assez, l'anhydrique arsénieux mis en liberté est en petite quantité et reste dissous. On ajoutera l'acide goutte à goutte, en attendant quelques instants entre chaque addition, parce que le précipité se forme lentement.

(2) On verse de l'acide azotique sur le précipité et on chauffe progressivement de façon à atteindre une température voisine de l'ébullition, sans faire bouillir. Il faut éviter de produire des ébullitions dans les tubes à essais parce qu'elles projettent le liquide hors du tube.

Sulfate de cuivre. — Précipité *vert* d'arsénite de cuivre (vert de Scheele), soluble dans la potasse et dans l'ammoniaque en donnant une liqueur bleue.

Permanganate de potassium. — Il est *décoloré* (1) si la liqueur est acide.

Zinc. — Dépôt *brun* d'arsenic.

CARACTÈRES DES ARSÉNIATES

Acide chlorhydrique. — Pas de précipité.

Hydrogène sulfuré. — En liqueur acide, précipité *jaune* (2) de sulfure d'arsenic, soluble dans le sulfure d'ammonium.

Sulfure d'ammonium. — Même précipité, soluble dans excès de réactif.

Azotate d'argent. — Précipité *rouge brique* d'arséniate d'argent, soluble dans l'acide azotique et dans l'ammoniaque.

(1) Il faut avoir soin d'employer seulement deux ou trois gouttes de permanganate, dont le pouvoir colorant est très intense. La décoloration consiste, non pas dans une disparition complète de la couleur rouge de réactif, mais dans sa transformation en une teinte jaune-brun clair.

(2) Ce précipité est lent à se former. On l'obtiendra en se conformant aux indications données pour précipiter les sels stanniques par l'hydrogène sulfuré (page 64, note 2). On peut aussi transformer l'arséniate, en arsénite en y versant une dissolution d'acide sulfureux; la transformation est plus facile à chaud. Une fois l'arséniate changé en arsénite, sa précipitation par l'hydrogène sulfuré deviendra facile.

Sulfate de cuivre. — Précipité *bleu-verdâtre* d'arséniate de cuivre.

Molybdate d'ammonium. — En présence de l'acide azotique et à chaud, formation lente d'un précipité *jaune* d'arsénio-molybdate d'ammonium, soluble dans l'ammoniaque.

Chlorure d'ammonium, ammoniaque et sulfate de magnésium. — Si, dans ce mélange (1), on ajoute un arséniate, on obtient, même en dissolution étendue, un précipité *blanc cristallin* d'arséniate ammoniaco-magnésien.

Zinc. — Dépôt *brun* d'arsenic.

2me *Subdivision*

CARACTÈRES DES SELS DE CADMIUM

Hydrogène sulfuré. — Précipité *jaune* de sulfure de cadmium, insoluble dans le sulfure d'ammonium, soluble dans l'acide azotique chaud.

Sulfure d'ammonium. — Même précipité, insoluble dans excès de réactif.

Potasse ou *soude.* — Précipité *blanc* d'oxyde de cadmium hydraté, insoluble dans excès de réactif.

(1) On peut aussi ajouter successivement à l'arséniate les trois corps employés comme réactif, mais alors on doit les verser dans l'ordre indiqué ci-dessus: AzH^4Cl, puis AzH^4OH, et enfin SO^4Mg. Dans tous les cas, employer un excès de chlorure d'ammonium.

Ammoniaque. — Même précipité, soluble dans excès de réactif.

Acide oxalique. — Précipité *blanc* (1) d'oxalate de cadmium, soluble dans l'ammoniaque.

Carbonate de sodium ou *Carbonate d'ammonium.* — Précipité *blanc* de carbonate de cadmium.

Zinc. — Dépôt de cadmium métallique, en petits cristaux gris.

CARACTÈRES DES SELS DE CUIVRE

Les sels de cuivre hydratés sont généralement bleus et bien cristallisés; le chlorure de cuivre est vert et cristallisé en fines aiguilles: l'azotate est déliquescent. Leurs dissolutions ont la même couleur que le sel cristallisé.

Acide chlorhydrique. — Pas de précipité. Les dissolutions bleues deviennent *vertes.*

Hydrogène sulfuré. — Précité *noir* de sulfure de cuivre, insoluble dans le sulfure d'ammonium, soluble dams l'acide azotique à chaud.

Sulfure d'ammonium. — Même précipité, insoluble dans excès de réactif,

Potasse ou *soude.* — Précipité *bleu* volumineux d'oxyde de cuivre hydraté, devenant noir sous l'action de la chaleur (2).

(1) Ce précipité est, en général, peu abondant et ne se produit pas toujours immédiatement.

(2) Ce changement de couleur est dû à une déshydratation qui se produit, à chaud, au sein même de l'eau. Il se forme de l'oxyde de cuivre anhydre noir.

Ammoniaque. — Précipité *bleu* de sel basique, très soluble dans excès de réactif (1) en donnant une liqueur bleue (bleu céleste).

Ferrocyanure de potassium. — Précipité *rouge-brun* de ferrocyanure de cuivre. En liqueur très étendue, coloration rouge-brun. Ce caractère est très sensible.

Zinc. — Dépôt de cuivre, sous forme de poudre *noire.*

Fer. — Dépôt de cuivre, sous forme d'une couche *rouge.*

Flamme. — Coloration *verte* (2).

CARACTÈRES DES SELS DE BISMUTH

Eau. — Les sels neutres solides sont décomposés par l'eau avec formation d'un sel basique insoluble

(1) Verser le réactif goutte à goutte. — Dans le cas où la première goutte donnerait déjà la coloration bleue et non le précipité, on l'étendrait d'eau distillée et on ajouterait goutte à goutte cette dissolution étendue.

(2) Pour observer ces colorations de flamme, on plonge la boucle du fil de platine (Fig. 25) dans la dissolution du sel et on la porte dans la flamme non éclairante d'un brûleur Bunsen, qui prend la coloration indiquée. Ce genre de caractères est, en général, très sensible; aussi importe-t-il d'employer des fils de platine très propres, la moindre trace d'impuretés (dues à des sels essayés antérieurement) pouvant modifier sensiblement et même quelquefois complètement, la couleur de la flamme. On constate qu'un fil est propre lorsque, porté dans la flamme du brûleur, il ne la colore pas; pour le nettoyer, on le place dans cette flamme jusqu'à disparition complète de toute coloration. Après avoir nettoyé le fil, on plonge sa boucle dans la

qui se dépose et d'un sel acide qui reste en dissolution. On peut séparer la dissolution du sel acide par filtration, ou bien rendre la liqueur tout entière limpide en y ajoutant une certaine quantité de l'acide contenu dans le sel. Ainsi, si on a employé du nitrate de bismuth, on ajoutera de l'acide azotique. Le sel basique sera ainsi transformé en sel acide et se dissoudra.

Hydrogène sulfuré. — Précipité *brun-noirâtre* (1) de sulfure de bismuth, dont les parcelles qui flottent à la surface du liquide ont un aspect chatoyant. Ce précipité est insoluble dans le sulfure d'ammonium, solide dans l'acide azotique à chaud.

Sulfure d'ammonium. — Même précipité, insoluble dans excès de réactif.

Potasse ou *soude.* — Précipité *blanc* d'oxyde de bismuth hydraté, insoluble dans excès de réactif.

dissolution et on la porte dans le brûleur, au bas de la flamme, de façon à la colorer sur toute sa longueur, tangentiellement à elle parce que c'est sur ses bords qu'elle est la plus chaude (c'est dans cette position qu'on le mettra aussi pour le nettoyer). Il faut bien observer la flamme au moment où on y introduit le fil, parce que la coloration est quelquefois très fugitive et apparaît comme un éclair. Il est bon de plonger la boucle seule du fil dans la dissolution, afin qu'il ne prenne pas trop de sel, ce qui rendrait son nettoyage long et pénible. Ces colorations de flamme sont particulièrement nettes avec les chlorures qui sont plus volatils que les autres sels.

(1) Il importe de bien observer la couleur de ce précipité que l'on confond quelquefois avec celui que donnent les sels stanneux avec l'hydrogène sulfuré. Le protosulfure d'étain est nettement brun-marron, tandis que le sulfure de bismuth est plus foncé, il est presque noir.

Ammoniaque. — Même précipité, insoluble dans excès de réactif.

Carbonate de sodium ou *carbonate d'ammonium.* — Précipité *blanc* de carbonate basique de bismuth.

Bichromate de potassium. — Précipité *jaune* de chromate de bismuth.

Phosphate de sodium. — Précipité *blanc* de phosphate de bismuth.

Protochlorure d'étain dissous dans la potasse. — Si, à une dissolution d'un sel de bismuth on ajoute un excès d'une dissolution de protochlorure d'étain dans de la potasse (1), on obtient un précipité *noir* de protoxyde de bismuth.

Zinc. — Dépôt de bismuth, sous forme de *poudre noire* spongieuse.

CARACTÈRES DES SELS MERCURIQUES (2)

Eau. — L'eau dédouble certains sels mercuriques solides, le sulfate par exemple, en sel basique inso-

(1) Quand on verse de la potasse dans du protochlorure d'étain, il se produit un précipité soluble dans excès de potasse ; c'est cette dissolution dans excès que l'on verse dans le sel de bismuth. Employer *très peu* de sel de bismuth.

(2) Ce sont les sels dans la composition desquels entre l'oxyde HgO on les appelle aussi sels de mercure au maximum ou sels de bioxyde de mercure.

luble et sel acide soluble. Les choses se passent comme dans le cas des sels de bismuth.

Hydrogène sulfuré. — Une petite quantité de ce réactif donne un précipité *blanc sale*, puis *jaune-rougeâtre* ; un excès d'hydrogène sulfuré transforme ce précipité en précipité *noir* de bisulfure de mercure (1), insoluble dans le sulfure d'ammonium, soluble dans l'eau régale.

Sulfure d'ammonium. — Précipité *noir* de bisulfure de mercure, insoluble dans excès de réactif.

Potasse ou *Soude.* — Précipité **jaune** d'oxyde mercurique.

Ammoniaque. — Précipité *blanc*.

Iodure de potassium. — Précipité **rouge** d'iodure mercurique, soluble dans excès d'iodure de potassium et dans excès de sel mercurique (2).

Protochlorure d'étain. — Précipité *blanc*, de calomel devenant gris à la lumière, noircissant par l'ammoniaque.

(1) On ajoutera l'hydrogène sulfuré petit à petit pour observer ces changements de couleur. On ne les obtient qu'avec les sels mercuriques; aussi est-ce un caractère très important qui permet de distinguer immédiatement ces sels de tous ceux qui donnent, avec l'hydrogène sulfuré, des précipités noirs.

(2) Il résulte de cette double solubilité que si on emploie trop ou trop peu de réactif, le précipité ne se produira pas. On fera un premier essai en versant goutte à goutte l'iodure dans le sel mercurique; si on n'arrive pas à obtenir le précipité, on recommencera de la même façon en versant le sel mercurique dans l'iodure.

Lame de cuivre. *Carbonate de sodium solide.*	Ces deux caractères sont identiques aux caractères correspondants des sels mercureux. (Voir page 57).

CARACTÈRES DES SELS DE PLATINE

Les sels de platine sont jaunes-rougeâtres. Le plus connu est le chlorure.

Hydrogène sulfuré. — Précipité *brun-noir* de sulfure de platine, très peu soluble dans le sulfure d'ammonium, soluble dans l'eau régale.

Sulfure d'ammonium. — Même précipité, très peu soluble dans excès de réactif.

Chlorure de potassium ou *chlorure d'ammonium.* — En liqueur concentrée, précipité *jaune* de chloroplatinate de potassium ou d'ammonium, insoluble dans un mélange d'alcool et d'éther.

Sulfate ferreux. — Rien à froid. A chaud, dépôt de platine métallique, sous forme de *poudre noire.*

Zinc. — Dépôt de platine métallique.

3me Groupe

1re Subdivision

CARACTÈRES DES SELS D'ALUMINIUM

Sulfure d'ammonium. — Précipité *blanc* (1) *gélatineux d'alumine hydratée*, avec dégagement d'hydrogène sulfuré (2).

Potasse ou *Soude.* — Précipité *blanc gélatineux* d'alumine hydratée, soluble dans excès de réactif.

Ammoniaque. — Même précipité, peu soluble dans excès de réactif.

Carbonates alcalins. — Précipité *blanc* de carbonate basique d'aluminium, avec dégagement d'anhydride carbonique.

(1) Lorsqu'on emploie un réactif coloré, tel que le sulfure d'ammonium, il est *nécessaire* d'en verser *une seule goutte*, surtout lorsque le précipité à obtenir doit être blanc ou peu coloré. Un excès de réactif masquerait par sa couleur celle du précipité qui paraîtrait toujours jaune; il pourrait en résulter des erreurs. Il arrive même quelquefois qu'une seule goutte de sulfure d'ammonium donne un précipité encore légèrement teinté de jaune; dans ce cas, on y ajoutera une nouvelle quantité du sel d'aluminium jusqu'à ce que le précipité soit devenu parfaitement blanc. Cette remarque est très importante.

(2) On constate le dégagement d'hydrogène sulfuré à une petite effervescence qui se produit; il ne faudrait pas le caractériser d'après son odeur, car le sulfure d'ammonium seul sent l'acide sulfhydrique.

Sulfate de potassium ou *d'ammonium.* — *En liqueur très concentrée*, précipité *blanc* d'alun (1).

CARACTÈRES DES SELS DE CHROME

Il existe deux sortes de sels de chrome : les sels de protoxyde et ceux de sesquioxyde. Les premiers sont rares ; les sels de sesquioxyde se rencontrent plus fréquemment, ce sont les seuls dont nous donnerons les caractères.

Les sels de sesquioxyde de chrome sont verts ou violets.

Sulfure d'ammonium. — Précipité *verdâtre de sesquioxyde de chrome hydraté*, avec dégagement d'hydrogène sulfuré (2).

Potasse ou *soude.* — Précipité *verdâtre*, de sesquioxyde de chrome hydraté, soluble à froid dans excès de réactif, se précipitant de nouveau par ébullition (3).

Ammoniaque. — Précipité *vert-gris* ou *bleu-gris*, soluble dans excès de réactif, soluble dans l'acide chlorhydrique.

Carbonates alcalins. — Précipité *vert*, de carbonate basique de chrome

(1) Ce caractère réussit très rarement.

(2) Voir la note 2 de la page 74.

(3) Pour que la précipitation à chaud soit facile, il ne faut pas employer un trop grand excès de potasse, à peine la quantité suffisante pour dissoudre le précipité.

Oxyde puce de plomb (PbO^2). — Cet oxyde en poudre, chauffé avec une dissolution alcaline d'hydrate de chrome (1), donne une *liqueur jaune* contenant du chromate de plomb. Cette liqueur jaune, séparée de l'oxyde puce en excès par filtration ou décantation, donne un *précipité jaune* quand on y ajoute de l'acide acétique. Ce caractère est très sensible (Chancel).

Azotate de potassium et *Carbonate de sodium solides*. — Tous les sels de chrome, solides ou dissous, chauffés sur un fragment de porcelaine ou sur une feuille de platine, avec un mélange oxydant d'azotate de potassium et de carbonate de sodium solides (2), se transforment en chromates alcalins *jaunes*.

CARACTÈRES DES SELS FERRIQUES (3)

Ces sels sont rouges ou jaunes.

Hydrogène sulfuré. — *En liqueur acide*, précipité

(1) Cette dissolution alcaline d'hydrate de chrome, se prépare en versant de la potasse dans le sel de chrome, jusqu'à dissolution dans excès de réactif du précipité formé. C'est dans cette liqueur qu'on met l'oxyde puce; on maintient une légère ébullition pendant quelques instants, on laisse reposer; l'oxyde en excès tombe rapidement au fond du tube et on a, au-dessus, la liqueur jaune.

(2) On met sur un fragment de porcelaine une petite quantité d'azotate de potassium et de carbonate de sodium solides et secs en poudre et bien mélangés. On y ajoute deux ou trois gouttes de la dissolution du sel de chrome ; on chauffe avec un brûleur, d'abord lentement, puis plus fort jusqu'à fusion de la matière solide. On obtient alors une belle coloration jaune.

(3) Ce sont les sels correspondant à l'oxyde Fe^2O^3. On les appelle encore sels de fer au maximum ou sels de sesquioxyde de fer.

blanc, laiteux, de soufre, provenant de l'oxydation du réactif par le sel ferrique qui passe à l'état de sel ferreux (1).

Sulfure d'ammonium. — Précipité *noir* de sulfure de fer mêlé de soufre.

Potasse ou *Soude.* — Précipité *couleur de rouille*, de sesquioxyde de fer hydraté.

Ammoniaque. — Même précipité.

Ferrocyanure de potassium. — Précipité *bleu-foncé* de bleu de Prusse.

Ferricyanure de potassium. — Pas de précipité, mais *coloration brune.*

Sulfocyanure de potassium. — *Coloration rouge sang, d'une extrême sensibilité.*

Permanganate de potassium. — Il n'est pas décoloré.

Tannin. — Coloration *noir-bleuâtre* d'encre.

2e *Subdivision*

CARACTÈRES DES SELS FERREUX (2)

Les sels ferreux sont verts ; leurs dissolutions sont

(1) Le sesquioxyde de fer du sel, en présence d'un corps facilement oxydable tel que l'hydrogène sulfuré dissous, cède son oxygène et passe à l'état de protoxyde ; $Fe^2O^3 = 2FeO + O$. L'oxygène ainsi mis en liberté donne, avec l'acide sulfhydrique, la réaction : $H^2S + O = H^2O + S$, d'où le dépôt de soufre qu'on observe.

(2) Ce sont les sels correspondant à l'oxyde FeO. On les appelle encore sels de fer au minimum ou sels de protoxyde de fer.

vert clair, les dissolutions étendues sont presque incolores, ils sont très facilement oxydables ; aussi est-il rare qu'ils ne contiennent pas tout au moins des traces de sels ferriques.

Hydrogène sulfuré. — *Rien en liqueur acide*. *En liqueur alcaline* (1), précipité *noir* de sulfure de fer, soluble dans l'acide chlorhydrique et dans l'acide azotique.

Sulfure d'ammonium. — Précipité *noir* de sulfure de fer.

Potasse ou *Soude*. — Précipité volumineux d'hydrate de protoxyde de fer, *blanc-verdâtre*, *devenant très rapidement brun* (2) en s'oxydant.

Ammoniaque. — Même précipité. Quand on emploie ce réactif, la précipitation est empêchée par la présence de sels ammoniacaux en excès, du chlorure d'ammonium en particulier.

Ferrocyanure de potassium. — Précipité *blanc-bleuâtre* de ferrocyanure double de potassium et

(1) Cette seconde partie du caractère est un peu délicate à obtenir, parce que, si on ajoute d'abord de la potasse ou de l'ammoniaque pour alcaliniser la liqueur, ces réactifs y produiront un précipité. Le mieux est de verser d'abord l'hydrogène sulfuré dans la liqueur neutre, puis une très petite quantité d'ammoniaque, insuffisante à elle seule pour donner un précipité abondant. On y plongera, par exemple, une baguette de verre trempée dans l'ammoniaque. Cette remarque s'applique à tous les métaux du IIIe groupe, 2e subdivision, c'est-à-dire : Fe (minimum) ; Zn ; Mn ; Ni ; Co.

(2) Ce changement de couleur est surtout apparent à la surface du précipité et sur les parcelles qui sont restées adhérentes aux parois du tube, c'est-à-dire aux points qui sont en contact avec l'air.

de fer. L'acide azotique transforme immédiatement ce précipité en bleu de Prusse.

Ferricyanure de potassium. — Précipité *bleu* de ferricyanure de fer.

Sulfocyanure de potassium. — Rien (1).

Permanganate de potassium. — Il est décoloré (2).

Tannin. — Rien. Si on laisse le mélange à l'air, il se produit une coloration noire d'encre, au fur et à mesure que le sel ferreux s'oxyde.

CARACTÈRES DES SELS DE ZINC

Le chlorure de zinc est déliquescent ; l'eau le décompose en donnant un oxychlorure blanc, insoluble dans l'eau, soluble dans l'acide chlorhydrique.

Hydrogène sulfuré. — *Rien en liqueur acide,* si l'acide libre est autre que l'acide acétique. *En liqueur alcaline* (3), précipité *blanc* de sulfure de zinc, très soluble dans les acides, sauf dans l'acide acétique (4).

(1) On a vu que les sels de peroxyde de fer donnaient, avec ce réactif, une coloration rouge-sang d'une extrême sensibilité ; que, d'autre part, les sels de protoxyde de fer s'oxydaient très facilement et contenaient presque toujours des traces de sel ferrique. Cette petite quantité de sel ferrique contenue dans les sels ferreux sera suffisante pour produire la coloration rouge-sang avec le sulfocyanure, mais elle sera bien moins intense que dans le cas des sels ferriques purs.

(2) Voir page 66, note 1.

(3) Voir page 78, note 1.

(4) Dans ce caractère, l'acide acétique n'aide pas à la formation du précipité, mais il ne l'en empêche pas si on opère avec une liqueur susceptible de précipiter.

Sulfure d'ammonium. — Précipité *blanc* (1), de sulfure de zinc.

Potasse, *Soude* ou *Ammoniaque*. — Précipité *blanc* d'oxyde de zinc hydraté, soluble dans excès de réactif. La présence des sels ammoniacaux en excès, du chlorure d'ammonium par exemple, empêche la précipitation.

Carbonate de sodium. — Précipité *blanc* de carbonate basique de zinc, insoluble dans excès de réactif.

Carbonate d'ammonium. — Même précipité, soluble dans excès de réactif.

Ferrocyanure de potassium. — Précipité *blanc* (2) de ferrocyanure de zinc.

CARACTÈRES DES SELS DE MANGANÈSE

Les sels de manganèse sont roses; leurs dissolutions sont légèrement colorées en rose pâle; cette coloration est presque invisible avec les dissolutions un peu étendues.

Hydrogène sulfuré. — *Rien en liqueur acide*. *En liqueur alcaline* (3), précipité *couleur chair* de sulfure de manganèse, très soluble dans les acides, même dans l'acide acétique.

(1) Employer *une seule goutte* de réactif. — Voir p. 74, note 1.
(2) Id. — — —
(3) Voir page 78, note 1.

Sulfure d'ammonium. — Précipité *couleur chair* de sulfure de manganèse.

Potasse ou *Soude.* — Précipité *blanc* d'hydrate de protoxyde de manganèse, s'oxydant très rapidement en devenant brun (1).

Ammoniaque. — Même précipité. La présence d'une quantité notable de sels ammoniacaux empêche la précipitation.

Carbonate d'ammonium. — Précipité *blanc* de carbonate de manganèse, brunissant à l'air.

Ferrocyanure de potassium. — Précipité *blanc rosé* de ferrocyanure de manganèse.

Azotate de potassium et *Carbonate de sodium solides.* — Tous les sels de manganèse, solides ou dissous, calcinés sur un fragment de porcelaine, avec un mélange oxydant d'azotate de potassium et de carbonate de sodium solides, donnent un manganate alcalin *vert* (2), donnant une dissolution verte ; cette

(1) Cette oxydation est tellement rapide que le précipité blanc qui doit se produire au début est toujours un peu brun. Le changement de couleur se produit surtout à la surface du précipité et sur les parties adhérentes aux parois du tube qui deviennent bientôt couleur de rouille, tandis que la partie du précipité restée au fond du tube se colore peu si on n'agite pas.

(2) Ce caractère se fait comme le caractère correspondant des sels de chrome (page 76, note 2). Il faut employer *très peu* de sels de manganèse, *une seule goutte* suffit ; sinon on obtient une coloration tellement intense qu'elle paraît noire. Pour avoir une belle coloration, on chauffe d'abord au brûleur, puis à la soufflerie, de manière à bien fondre la matière solide. Laisser refroidir avant de faire la dissolution dans l'eau.

dissolution devient rouge-clair sous l'influence des acides.

CARACTÈRES DES SELS DE COBALT

Les sels de cobalt sont rouge-grenat. Leurs dissolutions sont rouge-grenat ou rouge-clair suivant qu'elles sont concentrées ou étendues.

Hydrogène sulfuré. — *Rien en liqueur acide. En liqueur alcaline* (1), précipité *noir* de sulfure de cobalt, insoluble dans l'acide chlorhydrique, soluble à chaud dans l'acide azotique.

Sulfure d'ammonium. — Précipité *noir* de sulfure de cobalt.

Potasse ou *Soude.* — Précipité *bleu* de sel basique de cobalt, devenant *verdâtre* à l'air, insoluble dans excès de réactif.

Ammoniaque. — Même précipité, soluble dans excès de réactif en donnant un liquide brun-rougeâtre. Si la liqueur renferme une quantité notable de sels ammoniacaux, il ne se produit pas de précipité, mais seulement une coloration brune.

Carbonate d'ammonium. — Précipité couleur *fleur de pêcher* d'hydrocarbonate de cobalt, soluble dans excès de réactif.

Ferrocyanure de potassium. — Précipité *vert* de ferrocyanure de cobalt.

(1) Voir page 78, note 1.

Azotite de potassium. — En liqueur acide par l'acide acétique, précipité *jaune* d'azotite double de cobalt, et de potassium, insoluble dans l'alcool (1).

La dissolution rose de chlorure de cobalt contient un hydrate de ce sel dont la couleur est celle de la dissolution. Si on en répand quelques gouttes sur une feuille de papier, ou si on y trace des caractères au moyen d'une baguette plongée dans la dissolution, et si on chauffe ce papier en le faisant passer rapidement dans la flamme d'un brûleur de façon à le dessécher sans l'enflammer, on voit les parties qui ont été mouillées par le chlorure de cobalt apparaître en bleu (encres sympathiques ; fleurs barométriques). Ce changement de couleur est dû à la déshydratation partielle du sel et à la formation d'un nouvel hydrate bleu. Si on mouille le papier, la coloration rose reparaît.

CARACTÈRES DES SELS DE NICKEL

Les sels de nickel sont verts ; leurs dissolutions, même étendues, sont nettement vertes.

Hydrogène sulfuré. — *Rien en liqueur acide. En liqueur alcaline* (1), précipité *noir* de sulfure de nickel, insoluble dans l'acide chlorhydrique, soluble à chaud dans l'acide azotique.

(1) Employer un léger excès d'azotite de potassium et d'acide acétique ; chauffer un peu. Le précipité se dépose assez rapidement dans les liqueurs concentrées, mais il se produit lentement dans les dissolutions étendues.

(2) Voir page 78, note 1.

Sulfure d'ammonium. — Précipité *noir* de sulfure de nickel.

Potasse ou *Soude.* — Précipité *vert-pomme* d'oxyde de nickel hydraté, insoluble dans excès de réactif.

Ammoniaque. — Trouble *verdâtre* d'oxyde de nickel hydraté, soluble en bleu dans excès de réactif. En présence d'un excès de sels ammoniacaux, pas de précipité, mais coloration bleue.

Carbonate de sodium. — Précipité *vert-pomme* de carbonate basique de nickel, insoluble dans excès de réactif.

Carbonate d'ammonium. — Même précipité, soluble dans excès de réactif.

Ferrocyanure de potassium. — Précipité *blanc-verdâtre* de ferrocyanure de nickel.

Azotite de potassium. — En liqueur acide par l'acide acétique, *pas de précipité.*

4me Groupe

CARACTÈRES DES SELS DE CALCIUM

Le chlorure et l'azote de calcium sont déliquescents. Le sulfate de calcium est peu soluble dans l'eau (environ deux grammes par litre).

Acide sulfurique ou *sulfates solubles* (1). — Précipité

(1) Par sulfates solubles, nous entendons des sulf tes notablement solubles dans l'eau, le sulfate de magnésium ou le sul-

blanc de sulfate de calcium, en liqueur un peu concentrée. En liqueur étendue, il n'y a pas de précipité à cause de la faible solubilité du sulfate de calcium. Si la dissolution de sel de calcium était du sulfate de calcium, il ne se produirait naturellement pas de précipité.

Sulfate de calcium (en dissolution saturée). — Pas de précipité.

Sulfate de strontium (en dissolution saturée). — Pas de précipité.

Carbonates alcalins. — Précipité *blanc*, gélatineux, amorphe, de carbonate de calcium, devenant cristallin (1) sous l'action de la chaleur.

Oxalate d'ammonium. — Précipité *blanc* pulvérulent d'oxalate de calcium, insoluble dans l'acide acétique, soluble dans l'acide chlorhydrique et dans l'acide azotique. Ce caractère est très sensible : toutefois, si la liqueur est très étendue et froide, il ne se produit qu'au bout d'un instant.

Phosphate de sodium. — En liqueur neutre ou alca-

fate de potassium, par exemple. On ne devra jamais prendre comme tels les sulfates de calcium et de strontium, qui sont très peu solubles, et qui, d'ailleurs, interviennent plus loin comme réactifs.

(1) Pour effectuer cette transformation, on prendra assez peu de précipité avec cinq à six fois son volume d'eau et on maintiendra à une faible ébullition pendant quelques instants. Les cristaux qui se forment sont très petits et il est impossible d'en constater la forme cristalline à l'œil nu. Mais on observe que la masse gélatineuse s'est changée en une fine poussière dont chaque grain est un petit cristal.

line, précipité *blanc* de phosphate de calcium, soluble dans les acides chlorhydrique et azotique.

Acide fluosilicique. — Pas de précipité.

Chromate neutre ou *Bichromate de potassium.* — Pas de précipité.

Flamme (1). — Coloration *rouge*, légèrement jaunâtre.

CARACTÈRES DES SELS DE STRONTIUM

Le chlorure de strontium est déliquescent; l'azotate ne l'est pas. Le sulfate de strontium est très peu soluble dans l'eau (environ 1 gramme dans 15 litres) ; il est donc moins soluble que le sulfate de calcium.

Acide sulfurique ou *Sulfates solubles* (2). — Précipité *blanc* de sulfate de strontium, quand la liqueur n'est pas trop étendue ; en liqueur très étendue il n'y a pas de précipité à cause de la très faible solubilité du sulfate de strontium. Si la dissolution de sel de strontium était du sulfate de strontium, il n'y aurait naturellement pas de précipité.

Sulfate de calcium (*en dissolution saturée*). — Précipité *blanc* (3) de sulfate de strontium.

(1) Voir page 69, note 2.

(2) Voir page 84, note 1.

(3) Ce précipité est toujours peu abondant parce qu'on emploie, comme réactif, une dissolution d'un sel peu soluble qui, par conséquent, ne peut donner que peu de précipité. En général, la liqueur se trouble. Quelquefois ce trouble n'apparaît pas immédiatement ; on active sa formation en chauffant *légèrement* et en agitant.

Sulfate de strontium (en dissolution saturée). — Pas de précipité.

Carbonates alcalins. — Précipité *blanc*, gélatineux, amorphe, de carbonate de strontium, devenant cristallin (1) sous l'action de la chaleur.

Oxalate d'ammonium. — Précipité *blanc* d'oxalate de strontium, souvent lent à se former, surtout dans les liqueurs étendues ; soluble dans l'acide chlorhydrique et dans l'acide azotique.

Phosphate de sodium. — En liqueur neutre ou alcaline, précipité *blanc* de phosphate de strontium, soluble dans les acides chlorhydrique et azotique.

Acide fluosilicique. — Pas de précipité.

Bichromate de potassium. — Pas de précipité.

Chromate neutre de potassium. — Tout d'abord pas de précipité ; mais, si on abandonne longtemps la liqueur à elle-même, et si elle n'est pas trop étendue, il se produit un précipité *jaune*, de chromate de strontium.

Flamme (2). — Coloration *rouge-pourpre* intense.

CARACTÈRES DES SELS DE BARYUM

Le chlorure et l'azotate de baryum ne sont pas déliquescents. Le sulfate de baryum est complètement insoluble dans l'eau et dans les acides.

(1) Voir page 85, note 1.

(2) Voir page 69, note 2.

Acide sulfurique ou *Sulfates solubles*. — Précipité *blanc*, pulvérulent de sulfate de baryum. A cause de l'insolubilité complète de ce sulfate, le précipité se produit toujours, même en liqueur très étendue.

Sulfate de calcium (en dissolution saturée). — Précipité *blanc*, de sulfate de baryum (1).

Sulfate de strontium (en dissolution saturée). — Précipité *blanc*, de sulfate de baryum (1).

Carbonates alcalins. — Précipité *blanc*, amorphe, de carbonate de baryum, devenant cristallin (2) sous l'action de la chaleur.

Oxalate d'ammonium. — Précipité *blanc*, d'oxalate de baryum, soluble dans l'acide chlorydrique et dans l'acide azotique.

Phosphate de sodium. — En liqueur neutre ou alcaline, précipité *blanc* de phosphate de baryum, soluble dans les acides chlorhydrique et azotique.

Acide fluosilicique. — Précipité *blanc* cristallin de fluosilicate de baryum.

Chromate neutre ou *Bichromate de potassium*. — Précipité *jaune-clair* de chromate de potassium,

Flamme (3). — Coloration *verte* ou *vert-jaune*.

(1) Le précipité donné par le sulfate de calcium s'obtient aisément. Celui donné par le sulfate de strontium est lent à se former ; il se produit surtout par l'agitation et sous l'influence d'une légère élévation de température. Ces deux précipités sont d'ailleurs peu abondants, surtout le second, à cause de la très faible solubilité du sulfate de strontium (Voir page 86, note 3).

(2) Voir page 85, note 1.

(3) Voir page 69, note 2.

5me Groupe.

CARACTÈRES DES SELS DE MAGNÉSIUM

Potasse, *Soude* ou *Ammoniaque*. — Précipité *blanc* d'hydrate de magnésium, surtout à chaud. Le chlorure d'ammonium en excès empêche la précipitation.

Eau de baryte. — Même précipité (1).

Carbonate de sodium ou *Carbonate d'ammonium*. — Précipité *blanc* d'hydro-carbonate de magnésium (2) Les sels ammoniacaux en excès empêchent la précipitation.

Phosphate de sodium. — Précipité *blanc* de phosphate de magnésium. Si la liqueur est trop étendue il faut chauffer.

Chlorure d'ammonium, *Ammoniaque et Phosphate de sodium*. — Précipité *blanc* cristallin de phosphate

(1) Le précipité obtenu avec ce réactif est peu abondant. La baryte est, en effet, peu soluble dans l'eau ; il en résulte qu'une certaine quantité de sa dissolution ne contenant que peu de baryte, ne précipite que peu de magnésie. Il est souvent nécessaire de maintenir le mélange pendant quelques instants à une faible ébullition, pour obtenir le précipité qui, la plupart du temps, se réduit à un simple trouble.

(2) Si on emploie comme réactif le carbonate d'ammonium, il arrive quelquefois que le précipité ne se forme qu'au bout d'un instant ou à chaud.

ammoniaco-magnésien (1), même avec des dissolutions très étendues.

Acide sulfurique ou *Sulfates solubles.* — Pas de précipité.

Acide fluosilicique. — Pas de précipité.

Chromate de potassium. — Pas de précipité.

CARACTÈRES DES SELS D'AMMONIUM

Potasse ou *Soude.* — A chaud, dégagement de gaz ammoniac, que l'on reconnaît à son odeur, à ce qu'il bleuit le papier rouge de tournesol, et à ce que, au contact d'une baguette plongée dans l'acide chlorhydrique, il donne des fumées blanches de chlorure d'ammonium (2).

(1) On doit verser, dans le sel de magnésium, d'abord du chlorure d'ammonium en excès, puis un peu d'ammoniaque, enfin quelques gouttes de phosphate de sodium.

(2) Ce caractère est excellent pour déceler les sels ammoniacaux, mais il doit être fait avec soin. On doit employer de la potasse en dissolution concentrée, ou mieux deux ou trois pastilles de potasse caustique solide. On chauffe jusqu'à commencement d'ébullition et on retire du feu pour constater l'odeur ammoniacale ; il faut quelquefois faire bouillir légèrement pendant un instant avant de percevoir cette odeur. Pour bleuir le papier de tournesol, il faut d'abord le mouiller avec un peu d'eau distillée et le présenter à l'orifice du tube quand l'ébullition est arrêtée ; sans cette précaution, il pourrait être bleui par des gouttelettes du liquide alcalin projetées hors du tube. Il faut également éviter de toucher avec ce papier, les parois du tube qui sont mouillées par le liquide alcalin. Dans ces deux cas, le papier serait bleui par la potasse sans que cela in-

Réactif de Nessler. — Précipité *brun-rouge* (1).

Acide phosphomolybdique. — Précipité *jaune* (2) de phosphomolybdate d'ammonium, soluble dans l'ammoniaque.

Chlorure de platine. — Précipité *jaune*, de chloroplatinate d'ammonium, insoluble dans un mélange d'alcool et d'éther (3).

Acide tartrique. — Précipité *blanc*, cristallin, de tartrate acide d'ammonium en liqueur concentrée (4).

Sulfate d'aluminium. — Précipité *blanc* d'alun ammoniacal en liqueur très concentrée (5).

diquât la présence de l'ammoniaque. Enfin on évitera de confondre les vapeurs de chlorure d'ammonium avec les fumées dégagées à l'air par l'acide chlorhydrique : les premières sont plus blanches et plus épaisses que les secondes.

(1) Le réactif de Nessler se prépare en dissolvant du biiodure de mercure dans une dissolution d'iodure de potassium et ajoutant une dissolution de potasse. Le précipité brun-rouge qu'il donne avec les sels ammoniacaux est fréquemment soluble dans excès de sel ammoniacal, surtout si celui-ci est concentré. Dans ce cas, on prendra peu de ce sel et on y versera un excès de réactif.

(2) Ce précipité est généralement facile à obtenir. S'il tardait à se produire, on en provoquerait la formation en ajoutant quelques gouttes d'acide azotique et chauffant légèrement.

(3) Ce caractère ne marche bien qu'en liqueur un peu concentrée. Si on n'obtient pas de précipité, on pourra presque toujours provoquer sa formation en ajoutant de l'alcool et de l'éther ; le précipité étant insoluble dans ce mélange, se déposera plus facilement.

(4) Ce précipité est assez difficile à obtenir. On favorise sa formation en agitant et surtout en grattant avec une baguette de verre, les parois du tube dans la partie qui contient le liquide. Il est peu abondant.

(5) Caractère très difficile à obtenir.

Acide picrique. — Précipité *jaune* (1), en aiguilles cristallines, de picrate d'ammonium.

Hypobromite de potassium ou *de sodium* (2). — Dégagement de bulles d'azote (3).

CARACTÈRES DES SELS DE POTASSIUM

Acide phosphomolybdique. — Précipité *jaune* de phosphomolybdate de potassium, soluble dans l'ammoniaque (4).

Chlorure de platine. — Précipité *jaune* de chloroplatinate de potassium, insoluble dans un mélange d'alcool et d'éther (5).

Acide tartrique. — Précipité *blanc*, cristallin, de tartrate acide de potassium, en liqueur concentrée (6).

Sulfate d'aluminium. — Précipité *blanc*, d'alun de potassium, en liqueur très concentrée (7).

(1) Ce précipité ne se produit souvent qu'au bout de plusieurs minutes. Agiter de temps en temps.

(2) Ce réactif se prépare en versant une dissolution de potasse (ou de soude) dans de l'eau de brome (dissolution de brome dans l'eau) : jusqu'à ce que la couleur rouge soit remplacée par une coloration jaune.

(3) On reconnait que le gaz qui se dégage est de l'azote à ce qu'il éteint une allumette en combustion et à ce qu'il ne trouble pas l'eau de chaux (ce qui le distingue d'avec CO^2).

(4) Même observation que pour le caractère correspondant des sels ammoniacaux ; page 91, note 2.

(5) Voir page 91, note 3.

(6) Voir page 91, note 4.

(7) Voir page 91, note 5.

Acide picrique. — Précipité *jaune* (1), en aiguilles cristallines, de picrate de potassium.

Acide fluosilicique. — Précipité *blanc*, *gélatineux*, de fluosilicate de potassium, très transparent (2), apparaissant mieux en présence d'un peu d'acide chlorhydrique.

Flamme (3). — Coloration *violet-pâle*.

CARACTÈRES DES SELS DE SODIUM

Les caractères des sels de sodium, comme d'ailleurs un certain nombre de ceux de potassium et même d'ammonium, ne marchent bien qu'en liqueur concentrée. Lorsqu'on aura une dissolution trop étendue d'un sel de sodium (ou, en général, d'un sel quelconque), pour pouvoir en vérifier les caractères, on la concentrera, soit en y dissolvant une nouvelle quantité de sel solide, si on en a, soit par évaporation dans une petite capsule de porcelaine que l'on chauffera avec un brûleur, de façon à porter la dissolution jusqu'à une température voisine de l'ébullition, sans faire bouillir. Quand on jugera la concentration suffisante, on laissera refroidir, puis on vérifiera les caractères.

(1) Voir page 92, note 1.

(2) Ce précipité est assez difficile à voir, à cause de sa transparence : le liquide devient un peu gélatineux et opalescent. Si on laisse reposer quelques minutes, on voit plus aisément le précipité déposé au fond du tube.

(3) Voir page 69, note 2.

Pyroantimoniate de potassium. — En liqueur neutre ou alcaline, précipité *blanc*, cristallin, *peu abondant* de pyroantimoniate de sodium (1).

Acide fluosilicique. — Précipité *blanc*, gélatineux, de fluosilicate de sodium.

Flamme (2). — Coloration *jaune*, d'une extrême sensibilité (3).

(1) Ce caractère ne se vérifie bien qu'avec une dissolution fraîche de pyroantimoniate de potassium ; le mieux est de la préparer au moment de s'en servir : dans un tube à essais, on mettra quelques grains de ce réactif solide, deux ou trois centimètres cubes d'eau distillée et on chauffe pour activer la dissolution. *Après refroidissement*, on filtre sur un petit filtre sans plis et on se sert de la liqueur filtrée comme réactif. Si on employait la dissolution encore chaude, cette liqueur, saturée à chaud d'antimoniate, en laisserait déposer une partie au contact du liquide froid dans lequel on le verserait. Ce dépôt d'antimoniate de potassium non dissous ferait croire à la production d'un précipité d'antimoniate de sodium insoluble. La dissolution froide sera donc employée comme réactif. On active la formation du précipité en grattant les parois intérieures du tube, aux points où il y a du liquide avec une baguette de verre.

(2) Voir page 69, note 2.

(3) Cette sensibilité est telle qu'on ne doit se fier à la coloration jaune des flammes qu'avec une extrême réserve ; la moindre trace de sel de sodium laissée sur un fil de platine mal nettoyé, suffit pour colorer une flamme en jaune. On ne doit considérer comme probable la présence du sodium que si la coloration est très intense.

CARACTÈRES DES ACIDES

Au point de vue analytique, nous partagerons les acides en deux groupes principaux : les *Acides minéraux* et les *Acides organiques*.

Les *acides organiques* sont ceux dont les sels (surtout ceux des métaux alcalins ou alcalino-terreux), se décomposent au rouge en laissant un résidu de charbon.

Les *acides minéraux* sont ceux dont les sels ne donnent pas, au rouge, de résidu de charbon.

I. — ACIDES MINÉRAUX

Le groupe des acides minéraux peut se subdiviser en quatre autres, qui sont :

1er Groupe	Acides précipitant par H^2S en liqueur acide	*Acides Arsénieux : Arsénique ; Chromique.*
2e Groupe	Acides précipitant par $BaCl^2$.	*Acides Sulfureux ; Hyposulfureux ; Sulfurique ; Phosphorique ; Carbonique ; Silicique ; Borique ; Oxalique* (1) ; *Fluorhydrique.*
3e Groupe	Acides précipitant par AzO^3Ag.	*Acides chlorhydrique ; Bromhydrique ; Iodhydrique ; Cyanhydrique ; Sulfhydrique.*
4e Groupe	Acides ne précipitant pas par les réactifs précédents.	*Acides azotique ; Chlorique.*

(1) L'acide oxalique est, en réalité, un acide organique, puisqu'il contient du carbone ; on le place cependant, en analyse, parmi les acides minéraux parce que cet acide et ses sels charbonnent très peu ou même pas du tout.

1er Groupe

Les caractères des arsénites et des arséniates ont été déjà donnés à propos de l'action des réactifs sur les sels métalliques.

CARACTÈRES DES CHROMATES

Les sels neutres sont jaunes, les sels acides sont rouges. Les sels neutres traités par un acide deviennent rouges par suite de la formation d'un sel acide.

Hydrogène sulfuré. — En liqueur acide, formation d'un sel *vert* de sesquioxyde de chrome, avec dépôt de soufre.

Sulfure d'ammonium. — A chaud, précipité *vert-gris*, de sesquioxyde de chrome hydraté.

Acide chlorhydrique. — A chaud, dégagement de chlore (1) et production de chlorochromate. La liqueur, d'abord rouge, devient orangée, puis brune et enfin verte (2).

(1) Le dégagement de chlore se reconnaît à son odeur. Eviter de la confondre avec d'autres odeurs désagréables, entre autres avec celle de l'acide chlorhydrique. Si on a des doutes, on comparera l'odeur perçue avec celle d'un flacon d'eau de chlore.

(2) Cette dernière coloration est lente à se produire. Elle est due à la réduction du chromate par l'acide chlorhydrique, avec formation d'un sel de sesquioxyde de chrome.

Acide sulfureux (dissous). — Coloration *verte* (1) provenant de la réduction du sel à l'état de sel de sesquioxyde.

Alcool et *Acide sulfurique* (2). — Odeur d'aldéhyde et coloration *verte*, par suite de la formation d'un sel de sesquioxyde de chrôme. Chauffer légèrement si c'est nécessaire.

Chlorure de baryum. — Précipité *jaune* de chromate de baryum, soluble dans l'acide chlorhydrique et dans l'acide azotique.

Azotate d'argent. — Précipité *rouge* de chromate d'argent, soluble dans l'acide azotique et dans l'ammoniaque.

Acétate de plomb. — Précipité *jaune* de chromate de plomb.

Azotate mercureux. — Précipité *rouge-brique* de chromate mercureux.

2me Groupe

CARACTÈRES DES SULFITES

Acides. — Dégagement d'*anhydride sulfureux* (3), **sans dépôt de soufre.**

(1) Employer un excès d'acide sulfureux.

(2) Verser l'alcool dans le chromate, puis l'acide sulfurique le dernier.

(3) On constate la présence de ce gaz par son odeur. Il est quelquefois bon de chauffer légèrement pour que le dégagement soit sensible.

Chlorure de baryum. — Précipité *blanc*, de sulfite de baryum, soluble dans l'acide chlorhydrique.

Permanganate de potassium. — Il est décoloré (1).

Azotate d'argent. — Précipité *blanc* de sulfite d'argent.

Zinc et *Acide chlorhydrique.* — Dégagement d'hydrogène sulfuré, qui noircit un papier imprégné d'acétate de plomb.

CARACTÈRES DES HYPOSULFITES

Le plus connu est l'hyposulfite de sodium.

Acides. — Dégagement d'*anhydride sulfureux*, avec dépôt de soufre (2).

Chlorure de baryum. — Précipité *blanc* d'hyposulfite de baryum, soluble dans beaucoup d'eau, décomposé par l'acide chlorhydrique avec dépôt de soufre et dégagement d'anhydride sulfureux.

Permanganate de potassium. — Il est décoloré (3).

Azotate d'argent. — Précipité *blanc*, d'hyposulfite

(1) Voir page 66, note 1.

(2) Ce dépôt de soufre ne se produit pas toujours immédiatement. Ce n'est qu'au bout d'un instant que le liquide se trouble ; il se produit un précipité d'abord blanc, puis jaune ou blanc-jaunâtre. L'acide versé a déplacé l'acide hyposulfureux, S^2O^3, qui est instable et se décompose spontanément en : $S^2O^3 = S + SO^2$, ce qui explique le dépôt de soufre et le dégagement d'anhydride sulfureux. Cette réaction est activée par la chaleur.

(3) Voir page 66, note 1.

d'argent, soluble dans excès d'hyposulfite, et devenant noir en se transformant en sulfure.

Zinc et *Acide chlorhydrique.* — Dégagement d'*hydrogène sulfuré*, qui noircit un papier imprégné d'acétate de plomb.

Perchlorure de fer. — Coloration *violet-rouge.* La liqueur se décolore peu à peu, surtout à chaud, par suite de la réduction du perchlorure en protochlorure.

La dissolution d'hyposulfite de sodium dissout le chlorure d'argent.

CARACTÈRES DES SULFATES

Chlorure de baryum. — Précipité *blanc*, pulvérulent, de chlorure de baryum, insoluble dans les acides, se produisant même avec des dissolutions très étendues.

Azotate d'argent. — Précipité *blanc* de sulfate d'argent, un peu soluble dans l'eau (1).

Acétate de plomb. — Précipité *blanc* de sulfate de plomb.

Charbon. — Les sulfates solides, chauffés au rouge avec du carbonate de sodium sec et du charbon, don-

(1) Il résulte de cette solubilité, que le précipité ne se produira pas si le sulfate ou le réactif est en dissolution peu concentrée.

nent des sulfures qui, légèrement humectés, noircissent une pièce d'argent (1).

CARACTÈRES DES PHOSPHATES

Il existe trois sortes de phosphates ; les *Orthophosphates*, les *Pyrophosphates* et les *Métaphosphates*.

1° CARACTÈRES DES ORTHOPHOSPHATES

Chlorure de calcium. — Précipité *blanc*, de phosphate de calcium, *soluble dans l'acide acétique* (2).

Chlorure de baryum. — Précipité *blanc*, de phosphate de baryum, soluble dans l'acide chorhydrique et dans l'acide azotique.

Azotate de bismuth. — Précipité *blanc*, de phosphate de bismuth, soluble dans l'acide chlorhydrique et dans l'acide azotique.

Molybdate d'ammonium. — Coloration *jaune*, puis

(1) Un mélange intime d'environ parties égales de sulfate solide, de carbonate de sodium sec et de charbon de bois bien pulvérisés, est introduit dans un petit tube bouché. On chauffe fortement pendant quelques minutes. Après refroidissement, on casse le tube sur une feuille de papier. On met la matière solide sur une pièce d'argent bien propre, avec une goutte d'eau distillée. On l'enlève au bout de quelques minutes et on constate que l'argent a noirci aux points touchés.

(2) Cette solubilité est souvent employée pour distinguer les Phosphates des Oxalates qui donnent, avec le chlorure de calcium, un précipité insoluble dans l'acide acétique.

formation, surtout à chaud, d'un précipité *jaune* (1), de phosphomolybdate d'ammonium, soluble dans l'ammoniaque.

Chlorure d'ammonium, *Ammoniaque* et *Sulfate de magnésium* (2). — Précipité *blanc* cristallin, de phosphate ammoniaco-magnésien, même avec des dissolutions très étendues.

Azotate d'argent. — Précipité **jaune** d'orthophosphate d'argent, soluble dans l'acide azotique et dans l'ammoniaque.

Albumine (3). — En présence de l'acide acétique, *elle n'est pas coagulée*.

2° CARACTÈRES DES PYROPHOSPHATES

Chlorure de calcium. — Précipité *blanc*, soluble dans l'acide acétique.

Chlorure de baryum. — Précipité *blanc* de pyrophosphate de baryum, soluble dans l'acide chlorhydrique et dans l'acide azotique.

Azotate d'argent. — Précipité **blanc** de pyrophosphate d'argent, soluble dans l'acide azotique et dans l'ammoniaque.

(1) Si la liqueur n'est pas trop étendue, on obtient immédiatement le précipité. Il se produit plus aisément en liqueur acide par l'acide azotique.

(2) On versera dans le phosphate, d'abord du chloruré d'ammonium en excès, puis un peu d'ammoniaque, et enfin du sulfate de magnésium.

(3) On prépare la dissolution d'albumine en dissolvant un blanc d'œuf dans l'eau et filtrant.

Albumine. — En présence de l'acide acétique, *elle n'est pas coagulée.*

3° CARACTÈRES DES MÉTAPHOSPHATES

Chlorure de calcium. — Précipité *blanc*, soluble dans l'acide acétique.

Chlorure de baryum. — Précipité *blanc*, très peu soluble dans les acides.

Azotate d'argent. — Précipité **blanc** de métaphosphate d'argent, soluble dans l'acide azotique et dans l'ammoniaque.

Albumine. — En présence de l'acide acétique, *elle est coagulée.*

Remarque. — Pour distinguer ces trois sortes de phosphates, on se sert surtout de l'azotate d'argent et de l'albumine.

CARACTÈRES DES CARBONATES

Acides. — Ils produisent une *effervescence* due au dégagement d'anhydride carbonique, qui trouble l'eau de chaux et l'eau de baryte (1).

(1) Pour constater ce trouble produit par CO^2, on plonge une baguette de verre dans un flacon d'eau de chaux ou d'eau de baryte ; on la retire en ayant soin de ne pas toucher le col du flacon de façon à ce qu'une goutte de réactif reste suspendue à son extrémité ; cette goutte est limpide. On introduit cette baguette dans le tube à essais, immédiatement après avoir versé l'acide, en évitant de toucher le liquide et les parois du tube. Au bout d'un instant, la goutte suspendue à la baguette se trouble.

Chlorure de baryum. — Précipité *blanc*, gélatineux, amorphe, de carbonate de baryum devenant cristallin sous l'action de la chaleur (1).

Azotate d'argent. — Précipité *blanc* de carbonate d'argent.

Bichlorure de mercure. — Avec les carbonates neutres, précipité *jaune orangé*; avec les bicarbonates, précipité *blanc.*

Sulfate de magnésium — Avec les carbonates neutres, précipité *blanc* d'hydrocarbonate de magnésium; avec les bicarbonates. *pas de précipité* à froid.

CARACTÈRES DES SILICATES

Les silicates alcalins sont seuls solubles dans l'eau.

Acides. — Précipité *blanc*, de silice gélatineuse, en liqueur un peu concentrée, soluble dans l'acide chlorhydrique. Il en résulte que, si la dissolution est étendue, ou bien si on ajoute tout d'un coup beaucoup d'acide chlorhydrique, il ne se produit pas de précipité. Le chlorure d'ammonium facilite cette précipitation.

Chlorure de barium. — Précipité *blanc*, gélatineux, silicate de baryum.

(1) Voir page 85, note 1.

Chlorure de calcium. — Précipité *blanc* de silicate du calcium, soluble dans l'acide acétique.

CARACTÈRES DES BORATES

Chlorure de barium. — Si la dissolution n'est pas trop étendue, précipité *blanc* de borate de baryum, soluble dans les acides chlorhydriques et azotique, dans les sels ammoniacaux et dans excès de réactif.

Azotate d'argent. — Précipité *blanc* ou *blanc-jaunâtre* de borate d'argent, soluble dans l'acide azotique et dans l'ammoniaque.

Acétate de plomb. — Précipité blanc de borate de plomb, soluble dans l'acide azotique.

Acide sulfurique étendu ou *Acide chlorhydrique.* — L'un de ces acides, versé dans une dissolution très concentrée et chaude d'un borate alcalin, donne, par refroidissement, un dépôt d'acide borique en paillettes cristallines brillantes.

Alcool et acide sulfurique. — Si on ajoute ces deux réactifs (1) à un borate et si on enflamme le mélange, il se produit une flamme colorée en *vert-jaunâtre.*

(1) Il faut mettre assez d'alcool pour qu'il puisse brûler quoiqu'il soit étendu de la dissolution de borate et d'acide sulfurique. Cet acide doit être concentré et versé en excès. On opère dans une petite capsule de porcelaine que l'on chauffe légèrement. La réaction est plus sensible lorsqu'on chauffe la petite capsule contenant le mélange, qu'on enflamme l'alcool, qu'on le laisse brûler quelque temps et qu'on l'éteint pour le rallumer ensuite. Alors, aussitôt que la flamme paraît, ses bords paraissent verts. Il est préférable d'opérer dans une pièce peu éclairée pour mieux apercevoir la couleur de la flamme.

Si la liqueur contient des sels de cuivre, il faudra les précipiter tout d'abord pour éviter la coloration verte qu'ils donnent à la flamme.

Papier de Curcuma. — On traite la liqueur par l'acide chlorhydrique jusqu'à réaction acide ; on y plonge une bandelette de papier de curcuma que l'on dessèche ensuite à 100° : la partie plongée prend une teinte *rouge-brun* (1).

CARACTÈRES DES OXALATES

Chlorure de baryum. — Précipité *blanc* d'oxalate de baryum.

Chlorure de calcium. — Précipité *blanc* d'oxalate de calcium, *insoluble dans l'acide acétique* (2), soluble dans l'acide chlorhydrique et dans l'acide azotique.

Azotate d'argent. — Précipité *blanc* d'oxalate d'argent.

Chlorure d'or. — Depôt d'or métallique. sous forme de poudre *brun-violet*, surtout à chaud.

Bioxyde de manganèse et acide sulfurique. — Dégagement d'anhydride carbonique (3).

(1) Pour dessécher rapidement le papier de curcuma, on peut le mettre dans un tube à essais vide et sec que l'on chauffe avec précaution en le faisant passer rapidement sur la flamme d'un brûleur. Eviter de chauffer trop fort le papier, ce qui le ferait charbonner.

(2) Cette insolubilité est souvent employée pour distinguer les oxalates des phosphates qui donnent, avec le chlorure de calcium, un précipité blanc, soluble dans l'acide acétique.

(3) Mélanger d'abord l'oxalate avec le bioxyde de manganèse et ajouter goutte à goutte de l'acide sulfurique concentré. Le

Acide sulfurique. — L'acide oxalique et les oxalates *solides*, chauffés avec de l'acide sulfurique, dégagent un mélange d'anhydride carbonique et d'oxyde de carbone. En employant assez de matière, on peut enflammer l'oxyde de carbone, qui brûle avec une flamme bleue.

CARACTÈRES DES FLUORURES

Chlorure de baryum. — Précipité *blanc* de fluorure de baryum.

Chlorure de calcium. — Précipité *blanc* gélatineux, très transparent, de fluorure de calcium.

Acide sulfurique. — Avec les fluorures solides, dégagement d'acide fluorhydrique qui attaque le verre (1). Si on opère en présence de la silice (ou du sable finement pulvérisé), il se produit des vapeurs de fluorure de silicium qui donnent, avec l'eau, un dépôt de silice (2).

dégagement d'anhydride carbonique se reconnaît comme il est dit page 102, note 1.

(1) Employer de l'acide sulfurique concentré en petite quantité et chauffer légèrement.

(2) Cette action de l'eau peut se constater en introduisant dans le tube une goutte de ce liquide à l'extrémité d'une baguette de verre; on la voit se troubler.

3me Groupe

CARACTÈRES DES CHLORURES

Azotate d'argent. — Précipité *blanc* abondant (1), de chlorure d'argent, devenant violet à la lumière (surtout à la lumière solaire), soluble dans l'ammoniaque et dans l'hyposulfite de sodium.

Acétate de plomb. — Précipité *blanc* de chlorure de plomb un peu soluble dans l'eau froide (2), beaucoup plus soluble dans l'eau chaude, cristallisant par refroidissement (3).

Azotate mercureux. — Précipité *blanc* de calomel, devenant gris à la lumière, noircissant par l'ammoniaque.

Acide sulfurique. — Dégagement de vapeurs d'acide chlorhydrique (4), donnant un nuage blanc de chlorure d'ammonium au voisinage d'une baguette plongée dans l'ammoniaque.

Acide sulfurique et *Bioxyde de manganèse.* — Déga-

(1) Voir page 54, note 2.

(2) Par conséquent ce précipité ne se produira pas avec les chlorures en dissolution étendue.

(3) Voir page 58, note 2.

(4) Chauffer légèrement.

gement de *chlore*, que l'on reconnaît à son odeur et à sa couleur (1).

Eau de chlore. — Rien.

CARACTÈRES DES BROMURES

Azotate d'argent. — Précipité *blanc-jaunâtre*, de bromure d'argent, devenant gris à la lumière, moins soluble dans l'ammoniaque que le chlorure d'argent.

Acétate de plomb. — Précipité *blanc* de bromure de plomb, moins soluble dans l'eau que le chlorure de plomb.

Acide sulfurique et *Bioxyde de manganèse.* — En chauffant légèrement, on obtient des vapeurs *rouge-foncé* de brome, qui se condensent en gouttelettes sur les parois du tube. L'odeur du brome est plus désagréable que celle du chlore.

Eau de chlore. — Coloration *rouge-jaunâtre*, due au brome déplacé par le chlore. En agitant cette dissolution avec un peu d'éther ou de sulfure de carbone, ces liquides dissolvent tout le brome et

(1) Employer du bioxyde de manganèse en poudre et chauffer légèrement. Eviter de confondre l'odeur du chlore avec toute autre odeur désagréable ; dans le doute, on comparera l'odeur obtenue avec celle d'un flacon d'eau de chlore. La couleur jaune-verdâtre du chlore se voit mieux si on regarde le tube à essais dans le sens de sa longueur, de façon à voir le gaz sur une plus grande épaisseur ; mais on aura bien soin de ne pas chauffer quand on fera l'observation de cette manière, parce que, si une projection de liquide acide se produisait, elle atteindrait l'opérateur à l'œil et au visage.

prennent une coloration *jaune-roujeâtre*, plus intense que la coloration primitive, puisque le brome y est dissous dans une petite quantité de dissolvant. Éviter d'employer un trop grand excès de chlore, car la coloration disparaîtrait par suite de la formation de chlorure de brome.

CARACTÈRE DES IODURES

Azotate d'argent. — Précipité *jaunâtre* d'iodure d'argent, noircissant à la lumière, très peu soluble dans l'ammoniaque.

Acétate de plomb. — Précipité *jaune*, d'iodure de plomb, soluble dans l'eau chaude et cristallisant par refroidissement (1) en magnifiques lamelles jaune d'or.

Azotate mercurique. — Précipité *rouge* de biodure de mercure, soluble dans excès de réactif et dans excès d'iodure (2).

Acide sulfurique ou *Acide azotique.* — Dépôt d'iode surtout à chaud, sous forme de *poudre brune* ; si la dissolution d'iodure est étendue, on n'obtient qu'une coloration brune.

Eau de chlore. — Formation d'iode libre, qui colore la liqueur en *brun*. Eviter l'emploi d'un excès d'eau de chlore qui ferait disparaître la coloration par suite de la formation de chlorure d'iode.

(1) Voir page 58, note 3.
(2) Voir page 72, note 2.

Remarques. — 1° Quand on a mis l'iode en liberté dans l'un de deux caractères précédents, on peut le rassembler en agitant le liquide avec de l'éther, du chloroforme ou du sulfure de carbone (1) qui dissolvent ce métalloïde en se colorant, le premier en *rouge-brun*, les deux autres en *rouge-violet.* L'éther surnage à la surface du liquide ; le chloroforme et le sulfure de carbone se déposent au fond du tube.

2° L'iode libre, obtenu dans l'une des deux réactions précédentes, donne, avec la dissolution froide d'amidon, une coloration *bleue* d'iodure d'amidon (2), disparaissant à une température voisine de l'ébullition et réapparaissant par refroidissement si on n'a pas trop chauffé.

Acide sulfurique et *Bioxyde de manganèse.* — A chaud, dégagement de *vapeurs violettes* d'iode et dépôt de *cristaux gris* d'iode, sur les parois froides du tube.

CARACTÈRES DES CYANURES

Azotate d'argent. — Précipité *blanc* de cyanure d'argent, soluble dans l'amoniaque et dans le cyanure de potassium. Ce précipité, desséché à l'étuve à 100° et chauffé ensuite dans un petit tube de verre

(1) Ces trois liquides étant très inflammables, on évitera de les manier au voisinage d'une flamme.

(2) Cette réaction est d'une extrême sensibilité, mais elle doit être faite avec soin. Il faut d'abord que l'iode ait été mis en liberté ; on obtient rien avec un iodure. On prépare la dissolution d'amidon de la manière suivante : dans un mortier de

bouché à une extrémité, dégage au rouge du cyanogène qui brûle avec une flamme pourpre.

Mélange de sulfate ferreux et de sulfate ferrique. — On ajoute au cyanure ce mélange, puis quelques gouttes de potasse : il se forme un précipité *verdâtre*, constitué par un mélange de bleu de Prusse, d'oxyde ferreux et d'oxyde ferrique. On ajoute, au bout de quelques minutes, de l'acide chlorhydrique qui dissout les oxydes et laisse le bleu de Prusse.

Sulfure d'ammonium. — On ajoute à un cyanure alcalin (cyanure de potassium, de sodium ou d'ammonium) assez de sulfure d'ammonium pour que le liquide paraisse jaune. On chauffe dans une petite capsule de porcelaine jusqu'à complète décoloration et décomposition ou volatilisation du sulfure d'ammonium en excès (1). Il s'est formé un sulfocyanure alcalin. Acidulant alors avec quelques gouttes d'acide chlorhydrique et ajoutant du perchlorure de fer, on obtient une belle coloration *rouge-sang*.

porcelaine, on délaye une *très petite quantité d'amidon*, dans une grande quantité d'eau distillée. On fait bouillir lentement ce liquide pendant quelque minutes dans une capsule de porcelaine. On filtre; la liqueur filtrée constitue ce qu'on appelle la dissolution d'amidon; c'est en réalité de l'eau tenant en suspension de très petites quantités d'amidon en parcelles assez ténues pour traverser le filtre. On se sert de cette dissolution *refroidie* comme réactif. Employer également *très peu* de la liqueur contenant de l'iode libre.

(1) On s'assure qu'il n'y a plus de sulfure d'ammonium en versant une petite quantité du liquide dans un sel des trois premiers groupes, dans du perchlorure de fer, par exemple; il ne doit pas se produire de précipité. S'il restait une trace de sulfure d'ammonium, il donnerait, avec le perchlorure de fer, un précipité noir qui masquerait la coloration rouge-sang.

Acides. — Ils développent l'*odeur d'amandes amères*, caractéristique de l'acide cyanhydrique.

CARACTÈRES DES SULFURES

Azotate d'argent. — Précipité *noir* de sulfure d'argent.

Acétate de plomb. — Précipité *noir* de sulfure de plomb.

Lame d'argent. — Une goutte d'une dissolution de sulfure y produit une *tache noire* de sulfure d'argent. On emploie, pour faire cet essai, une pièce d'argent bien propre.

Acides. — Dégagement d'hydrogène sulfuré, que l'on reconnaît à son odeur et à la coloration noire qu'il produit sur le papier imprégné d'acétate de plomb (1).

4me Groupe

CARACTÈRES DES AZOTATES

Tournure de cuivre et acide sulfurique. — A chaud, dégagement de *vapeurs nitreuses*, rouges-jaunâtres, que l'on voit plus facilement en regardant le tube

(1) On prend une bandelette de papier filtre que l'on mouille avec une dissolution d'acétate de plomb et qu'on introduit dans le tube à essais après y avoir versé le sulfure et l'acide.

dans la direction de son axe (1). Ces vapeurs se voient difficilement si la dissolution d'azotate est étendue.

Sulfate ferreux solide et *Acide sulfurique*. — Dans un tube à essais, on met un fragment de sulfate ferreux solide et de l'acide sulfurique, puis on y laisse tomber, au moyen d'une baguette de verre, une ou deux gouttes d'un azotate. S'il est concentré, on obtiendra une *coloration rose* ; s'il est étendu, il faudra en ajouter une plus grande quantité pour obtenir cette coloration (2).

Sulfate d'indigo. — En présence de l'acide sulfurique, le sulfate d'indigo *est décoloré* (3).

Charbon. — Si on projette un azotate solide sur des charbons ardents, il se produit une *déflagration*, c'est-à-dire une combustion plus vive avec production d'étincelles.

CARACTÈRES DES CHLORATES

Acide chlohydrique. — En liqueur concentrée et à chaud, dégagement d'un *gaz jaune*, consitué par un

(1) Eviter de chauffer pendant qu'on regarde de cette manière pour n'être pas blessé par des projections acides.

(2) Ce caractère est très sensible. Il faut avoir soin de verser l'azotate peu à peu, car, si on en versait trop, on aurait une coloration brune. La coloration rose se produit, soit sur les cristaux de sulfate de fer, soit à la surface de séparation de l'acide sulfurique et de l'azotate. Ne pas agiter le mélange ou l'agiter très peu ; la coloration ne se produit quelquefois qu'au bout d'un instant.

(3) Le sulfate d'indigo bleu devient jaune-brun clair.

mélange de chlore et de ses composés oxygénés.

Acide sulfurique. — Quelques gouttes de cet acide, versées sur un chlorate solide, produisent un dégagement de peroxyde de chlore *jaune*, décomposable par la chaleur avec explosion (1).

Charbon. — Les chlorates solides, projetés sur des charbons ardents, *déflagrent* avec plus de violence que les azotates.

Chaleur. — Les chlorates solides, calcinés dans un petit tube de verre fermé à une extrémité, dégagent de l'oxygène qui rallume une allumette incandescente approchée de l'orifice du tube. Il reste comme résidu un chlorure.

II. — ACIDES ORGANIQUES

Nous donnerons seulement les caractères de quelques-uns des plus importants.

CARACTÈRES DES FORMIATES

Les formiates, chauffés sur un fragment de porcelaine, charbonnent très peu.

Azotate d'argent. — En liqueur concentrée, précipité *blanc* cristallin de formiate d'argent, noircissant rapidement par suite de la formation d'argent métallique. En liqueur étendue, il n'y a pas de pré-

(1) Cette expérience ne doit être faite que sur de très petites parcelles de chlorate, pour éviter des explosions qui pourraient devenir dangereuses.

cipité, mais la liqueur brunit bientôt par formation d'argent métallique. Dans les deux cas, la production d'argent est plus rapide si on chauffe.

Bichlorure de mercure. — En chauffant légèrement, précipité *blanc* de calomel.

Perchlorure de fer. — Coloration *rouge-foncé.*

Acide sulfurique. — En chauffant légèrement, il se dégage de l'acide formique, que l'on reconnait à son odeur piquante (1). En chauffant davantage et employant un excès d'acide sulfurique, l'acide formique est décomposé d'après la réaction :

$$\begin{matrix} H \\ | \\ COOH \end{matrix} = CO + H^2O$$

et l'oxyde de carbone qui se dégage brûle avec une flamme bleue (2).

Alcool et *Acide sulfurique.* — A une douce chaleur, dégagement d'éther formique, dont l'odeur rappelle un peu celle des noyaux de pêche (3).

CARACTÈRES DES ACÉTATES

Azotate d'argent. — Précipité *blanc* cristallin d'acétate d'argent, soluble dans l'ammoniaque.

(1) Cette odeur est difficile à percevoir.

(2) Avec un formiate solide, la seconde partie de ce caractère est plus facile à réaliser. On peut même, dans ce cas, obtenir fréquemment le dégagement d'oxyde de carbone en chauffant le sel solide seul dans un petit tube de verre fermé à une de ses extrémités.

(3) Cette odeur se perçoit un peu plus aisément que celle de l'acide formique. Eviter de mettre trop d'alcool dont l'odeur masquerait celle de l'éther formique.

Azotate mercureux. — Précipité *blanc* en écailles cristallines d'acétate mercureux.

Perchlorure de fer. — Coloration rouge foncé, par suite de la formation d'acétate de peroxyde de fer.

Acide sulfurique. — A chaud, dégagement d'acide acétique, que l'on reconnait à son odeur (1) (odeur de vinaigre).

Alcool et *Acide sulfurique.* — A chaud, production d'éther acétique, dont l'odeur est la même que celle de l'acide acétique (2).

Anhydride arsénieux. — Les acétates secs, surtout les acétates alcalins, chauffés avec de l'anhydride arsénieux, dégagent un gaz d'une odeur alliacée très désagréable, qui est un mélange de cacodyle et d'oxyde de cacodyle.

CARACTÈRES DES BENZOATES

Azotate d'argent. — Précipité *blanc* de benzoate d'argent, soluble dans l'ammoniaque.

Acétate de plomb. — Précipité *blanc* de benzoate de plomb, soluble dans excès de reactif.

(1) Il faut quelquefois, avant que cette odeur se produise, maintenir le mélange à une faible ébullition pendant un instant.

(2) Cette réaction est plus sensible que la précédente, parce que l'éther acétique est plus volatil que l'acide acétique. Éviter de verser un excès d'alcool dont l'odeur masquerait celle de l'éther ; employer plutôt un excès d'acide sulfurique.

Perchlorure de fer. — Précipité volumineux, *couleur de chair*, de benzoate de fer. L'acide chlorhydrique dissout ce précipité en laissant de l'acide benzoïque solide *blanc* (1).

Acides. — En liqueur concentrée, précipité *blanc* d'acide benzoïque, un peu soluble dans l'eau froide, soluble dans l'eau chaude et cristallisant par refroidissement, en lamelles brillantes. En liqueur étendue, pas de précipité.

CARACTÈRES DES TARTRATES

Les tartrates, chauffés sur un fragment de porcelaine, charbonnent beaucoup.

Azotate d'argent. — Précipité *blanc* de tartrate d'argent, solide dans l'acide azotique et dans l'ammoniaque, noircissant à l'ébullition.

Acétate de plomb. — Précipité *blanc* de tartrate de plomb, soluble dans l'acide azotique et dans l'ammoniaque.

Chlorure de calcium. — Précipité *blanc* pulvérulent, de tartrate de calcium, soluble dans les acides chlorhydrique et azotique et dans le chlorure d'ammonium. Cette dernière dissolution le laisse déposer peu à peu et à l'état cristallisé au bout de quelque temps.

(1) La couleur blanche de ce précipité est quelquefois masquée par la couleur rouge du liquide qui le baigne : il suffit de filtrer pour isoler ce précipité et constater sa véritable couleur.

Le précipité de tartrate de calcium, chauffé doucement avec une petite quantité d'ammoniaque et un fragment d'azotate d'argent, donne un miroir d'argent sur les parois du tube. Si on chauffe trop rapidement, l'argent réduit se dépose en poudre.

RECHERCHE MÉTHODIQUE DE LA NATURE D'UN SEL UNIQUE SOLUBLE DANS L'EAU

Elle comprend deux parties : la recherche du métal d'abord, celle de l'acide ensuite.

Les méthodes que l'on indique habituellement pour faire ces recherches supposent les sels dissous dans l'eau. Quand le sel est solide. il suffit de le dissoudre et d'appliquer ces méthodes. On peut, cependant, dans ce cas, profiter de l'état particulier du sel pour faire quelques observations préliminaires, souvent fort utiles pour déterminer sa nature.

Cet *essai préliminaire* ne constitue pas une marche systématique destinée à trouver les sels à coup sûr, mais il donne souvent une indication de nature à faciliter la recherche du métal ou de l'acide. Il est tout aussi bien applicable aux corps insolubles qu'aux sels solubles. On doit toujours commencer par l'appliquer lorsque le sel que l'on a à analyser est à l'état solide.

Essai préliminaire à effectuer dans l'analyse d'un sel solide (soluble ou non).

1° Examen des propriétés physiques extérieures

On examinera les propriétés suivantes :

COULEUR. — Un certain nombre de sels sont colorés

et leur couleur dépend presque toujours du métal qu'ils renferment. C'est ainsi que les sels d'or sont jaunes, ceux de cuivre sont bleus ou verts, ceux de cobalt rouge-grenat, etc. : nous avons indiqué ces couleurs à propos des caractères des sels métalliques. La plupart de ces sels sont hydratés ; ils deviennent blancs quand on les déshydrate par la chaleur. Cependant le chlorure d'or, le chlorure de platine, etc., sont anhydres. Plus rarement, la coloration des sels est due à leur acide, tels sont les chromates, les bichromates, les manganates et les permanganates ; ceux-là sont généralement anhydres.

Odeur. — La plupart des sels sont inodores ; cependant certains sels ammonicaux, le carbonate en particulier, possédent l'odeur du gaz ammoniac.

Aspect. — On regardera si le sel paraît amorphe ou cristallisé et dans ce cas quel est l'aspect des cristaux : gros ou petits, nets ou confus, en aiguilles, en trémies, etc. Les cristaux de chlorures, bromures et iodures alcalins, l'iodure de potassium en particulier, sont fréquemment groupés en trémies, qui sont rarement complètes, mais dont on aperçoit tout au moins un angle.

Densité. — On se contentera de voir approximativement si cette densité est forte, moyenne ou faible, en mettant le sel sur la paume de la main. Les sels de plomb, de mercure, sont lourds ; ceux des métaux alcalins sont légers.

Efflorescence et Déliquescence. — Certains sels hydratés perdent une partie de leur eau de cristallisation lorsqu'on les laisse à l'air libre ; on le reconnait à ce que le sel, incolore ou coloré, présente des parties blanchâtres. Si on le laisse longtemps à l'air, le cristal finit par s'effriter complètement et se transforme en poudre blanche. Ces sels sont dits *efflorescents*. Tels sont, par exemple, le carbonate et le phosphate de sodium cristallisés.

D'autres sels, au contraire, sont très avides d'eau et absorbent la vapeur d'eau contenue dans l'air en se transformant peu à peu en une masse pâteuse ou liquide. Ils sont appelés *déliquescents*. Ce sont, par exemple le chlorure de calcium, le chlorure de zinc, l'azotate de cuivre, les formiates de potassium et d'ammonium, etc.

Solubilité. — On examine si le sel est plus ou moins soluble et si sa dissolution est plus ou moins rapide. Pour cela, on en met une petite quantité dans un verre avec très peu d'eau distillée, et on agite avec une baguette de verre. Si le sel ne se dissout qu'en petite quantité, on ajoute peu à peu de nouvelles quantités d'eau, en agitant chaque fois, de façon à se faire une idée de sa solubilité. Cette dissolution devra être conservée ; on s'en servira pour l'application de la méthode analytique qui sera indiquée plus loin.

Il faut avoir soin, lorsqu'on examine la solubilité d'un sel, de *ne jamais l'employer en entier* ; une bonne partie doit être conservée, soit pour vérifier les caractères dont nous allons parler, soit pour concentrer une dissolution que l'on trouverait trop étendue. On a vu, en effet, que plusieurs caractères des sels alcalins ne réussissent bien qu'en liqueur concentrée : par conséquent si, en étudiant la solubilité d'un pareil sel, on a mis trop d'eau, on sera amené à concentrer sa dissolution pour en vérifier les caractères. Il y a deux moyens pour cela : le premier consiste à l'évaporer à chaud dans une capsule de porcelaine, mais il faudra ensuite la laisser refroidir parce que les précipités solubles dans l'eau chaude ne se produiraient pas ; le second est plus pratique, il consiste à y ajouter une nouvelle quantité de sel.

2° Action de la chaleur

Ces essais se font dans un petit tube de verre fermé à une de ses extrémités (voir page 57, note 3).

Le sel est chauffé dans ce tube, d'abord lentement, puis de plus en plus fort, en ayant soin de bien observer tout ce qui se passe.

Les phénomènes qui se produisent le plus généralement sont les suivants :

1° *Dégagement de vapeur d'eau* ;

2° *Production d'un sublimé;*

3° *Le sel fond sans se volatiliser, sans se sublimer et sans changer de couleur* ;

4° *Le sel décrépite* ;

5° *Il se dégage un gaz* ;

6° *Le sel devient noir.*

Nous allons examiner successivement ces différents cas. Pour chacun d'eux nous indiquerons quelques exemples, mais quelques-uns seulement, le nombre des corps qu'il faudrait citer dans certains cas, serait très considérable et il est impossible de songer à en donner la liste complète.

1° Dégagement de vapeur d'eau.

Cette eau se condense en gouttelettes sur les parois froides du tube (1). Elle indique que l'on a affaire à un sel hydraté, ou à un sel anhydre contenant de l'eau interposée entre ses cristaux, ou à un sel ammoniacal décomposable par la chaleur avec dégagement d'eau (azotite et azotate) (2). On essayera la réaction de l'eau, c'est-à-dire que l'on regardera si elle est acide, alcaline, ou neutre. Pour cela, on la touche avec un bout de papier de tournesol, que l'on aura plié de façon à pouvoir le faire pénétrer dans le tube. Si l'eau est acide, elle rougit le papier bleu de tournesol ; si elle est alcaline, elle bleuit le papier rouge ; si elle est neutre, elle ne change la couleur d'aucun d'eux. L'acidité ou l'alcalinité de cette eau montre que, sous l'action de la chaleur, le sel étudié donne naissance à un corps acide au basique.

2° Production d'un sublimé. — Certains corps volatifs se condensent en passant directement de l'état

(1) Pour éviter toute erreur, il faut que le tube dans lequel on opère soit sec; s'il ne l'était pas, on le dessécherait avec un peu de papier filtre. Lorsqu'on construit ces petits tubes bouchés, il est préférable de ne pas les border, parce que l'eau produite, dans la combustion du gaz d'éclairage de la soufflerie irait se condenser à son intérieur.

(2) L'azotite et l'azotate d'ammonium, soumis à l'action de la chaleur, se décomposent d'après les réactions suivantes ;

$$AzO^2AzH^4 = 2Az \times 2H^2O$$
$$AzO^3AzH^4 = Az^2O \times 2H^2O$$

gazeux à l'état solide. Un dépôt solide ainsi obtenu, porte le nom de *sublimé*; il se produit sur les parties froides du tube.

Nous examinerons plusieurs cas, suivant la couleur du sublimé :

A. — *Sublimé blanc*. — Ce cas peut se subdiviser en deux autres :

a. — Le sel se volatilise avant de fondre..	Tels sont les sels ammoniacaux, le chlorure mercureux, etc.
b. — Le sel fond avant de se volatiliser..	Exemple : chlorure mercurique, chlorure de plomb, etc.

B. — *Sublimé jaune*. — Exemple : soufre (provenant de certains sulfures) ; sulfure d'arsenic ; iodure de mercure, etc.

C. — *Sublimé noir*. — Exemple : Sulfure de mercure ; iode (provenant des iodures décomposables par la chaleur), le sublimé est alors accompagné de vapeurs violettes, etc.

D. — *Sublimé d'aspect métallique*. — Exemple : mercure (indiquant la présence d'un sel de ce métal), il se dépose en petites gouttelettes brillantes, assez facilement visibles et dont l'ensemble présente l'aspect d'un sublimé blanc grisâtre.

3° LE SEL FOND SANS SE VOLATISER, SANS SE SUBLIMER ET SANS CHANGER DE COULEUR. — C'est le cas de la plupart des sels alcalins et de quelques sels alcalino-terreux. Les borates et l'alun fondent d'abord, puis se boursouflent.

4° LE SEL DÉCRÉPITE. — Certains sels, en cristallisant, emprisonnent une certaine quantité d'eau entre leurs cristaux. Cette eau ne fait nullement partie de leur constitution, elle est interposée mécaniquement et en quantité plus ou moins considérable. Lorsqu'on chauffe un pareil sel, l'eau interposée se volatilise et brise les cristaux en faisant entendre un petit bruit et projetant à une certaine distance, des parcelles cristallines. On dit que le sel *décrépite*. La production de ce phénomène montre donc que le sel étudié renferme de l'eau interposée entre ses cristaux. Les sels qui décrépitent sont fort nombreux; nous citerons par exemple : le chlorure de sodium (sel marin) ; l'azotate de baryum : l'azotate de plomb, etc., etc.

5° IL SE DÉGAGE UN GAZ. — Nous subdiviserons ce cas en plusieurs autres, suivant la nature du gaz qui se dégage ;

A. — *Oxygène.* — Ce gaz se reconnait à ce qu'il rallume une allumette présentant des points incandescents. — Il indique la présence d'un sel oxygéné, décomposable par la chaleur, en général un *azotate* ou un *chlorate.*

B. — *Oxyde de carbone.* — Il brûle avec une flamme bleue (on l'enflamme à l'extrémité du tube). Il est produit par un *formiate* ou un *oxalate*. Avec les formiates, il ne se dégage que de l'oxyde de carbone

$$\begin{array}{c} H \\ | \\ COOH \end{array} = CO + H^2O$$

qui brûle facilement. Avec les oxalates, au contraire, ce gaz est mélangé de son volume d'anhydride carbonique,

$$\begin{matrix} COOH \\ | \\ COOH \end{matrix} = CO + CO^2 + H^2O$$

et, par suite, difficile à enflammer.

C. — *Anhydride carbonique.* — Ce gaz ne possède ni couleur, ni odeur ; il n'est pas combustible et il trouble l'eau de chaux (1). — Il est dégagé par les *oxalates* (il est alors mélangé d'oxyde de carbone, comme on vient de le voir) et par les *carbonates* décomposables par la chaleur, c'est-à-dire tous, sauf les carbonates alcalins, qui sont indécomposables, et le carbonate de baryum, qui ne l'est qu'au rouge-blanc.

D. — *Ammoniac.* — On le reconnaît à son odeur, à ce qu'il bleuit le papier rouge de tournesol et donne des fumées blanches en présence d'une baguette plongée dans l'acide chlorhydrique. — Il indique la présence d'un *sel ammoniacal* et, quelquefois, d'un *cyanure.*

E. — *Hydrogène sulfuré.* — On le reconnaît à son odeur et à ce qu'il noircit une bandelette de papier imprégné d'acétate de plomb. — Il indique la présence d'un *sulfure* hydraté.

F. — *Anhydride sulfureux.* — Il possède une odeur bien connue et rougit le papier bleu de tournesol. — Il est dégagé par les *sulfites* des métaux lourds, ainsi

(1) On constate ce trouble comme il est indiqué, page 102, note 1.

que par certains *sulfates*, ceux de mercure, de zinc, par exemple.

G. — *Cyanogène.* — Le cyanogène possède une odeur forte et désagréable ; il brûle avec une flamme pourpre. — Les sels qui le dégagent sont les *cyanures* ; ceux d'argent et de mercure en particulier.

H. — *Vapeurs nitreuses.* — Leur couleur les fait aisément reconnaître. — Elles indiquent la présence de certains *azotates* (de plomb, de baryum, etc.).

I. — *Chlore.* — Ce gaz possède une odeur et une couleur jaune-verdâtre caractéristiques. On observe plus facilement sa couleur en regardant le tube dans le sens de sa longueur. Il décèle un *chlorure* décomposable par la chaleur (chlorures de cuivre, d'or, de platine, etc.).

6° LE SEL DEVIENT NOIR. — Ce dépôt peut-être du charbon et il indique alors qu'on est en présence d'un *composé organique* ; mais il peut aussi être dû à un oxyde noir, résultant de la décomposition de *certains sels minéraux*, tels sont, par exemple, les azotates de cuivre, de manganèse, etc., qui, par calcination, donnent des oxydes noirs de cuivre, de manganèse, etc. On peut distinguer ces deux cas en opérant, non plus dans un petit tube bouché, mais sur une feuille de platine ou un fragment de porcelaine, c'est-à-dire à l'air libre. Dans ce cas, si le dépôt noir est du charbon, il brûle et disparaît ; si c'est un oxyde il ne change pas (1),

(1) Ceci n'est vrai que dans le cas particulier où on se placera, dans cet ouvrage, pour la recherche des acides organiques,

Remarque. — On peut retrouver dans un même sel, plusieurs des phénomènes précédents.

à savoir le cas où cet acide est combiné à un métal alcalin ou alcalino-terreux. En effet, si on avait, par exemple, de l'acétate de cuivre, l'action de la chaleur donnerait naissance, simultanément, à deux dépôts noirs : oxyde de cuivre et charbon. Lorsqu'on chaufferait à l'air libre, le charbon disparaîtrait seul, ce qu'on ne pourrait pas observer à cause de la présence de l'oxyde de cuivre, qui resterait inaltéré. De plus, le charbon pourrait réduire l'oxyde de cuivre. C'est pour éviter des difficultés de ce genre qu'on supposera plus loin dans la recherche analytique des sels à acides organiques, que tous ces sels sont à métaux alcalins ou alcalino-terreux, c'est-à-dire à métaux dont les oxydes ne sont pas colorés et très difficilement réductibles par le charbon.

RECHERCHE DU MÉTAL D'UN SEL UNIQUE DISSOUS DANS L'EAU

Après avoir fait l'essai préliminaire, on dissoudra dans l'eau distillée une certaine quantité de sel, de façon à obtenir une dissolution de concentration moyenne. Deux ou trois grammes de sel dissous dans 40 à 50 centimètres cubes d'eau suffisent généralement pour trouver le métal et l'acide d'un sel. Si le sel est peu soluble, on fait une dissolution aussi concentrée que possible. On pourra, d'ailleurs, utiliser la dissolution qui a été faite au début de l'essai préliminaire pour étudier la solubilité du sel, en ayant soin d'y ajouter un peu d'eau ou un peu de sel, si on la suppose trop concentrée ou trop étendue. Il est important de *ne jamais dissoudre tout le sel* que l'on a à sa disposition, car on peut, dans le cours de l'analyse, avoir, soit à recommencer l'essai préliminaire, soit à concentrer la dissolution, par exemple, pour vérifier certains caractères qui ne marchent bien qu'en liqueur concentrée.

Avec la dissolution ainsi obtenue, on appliquera la méthode analytique qui est résumée dans le tableau ci-dessous. Cette méthode doit être suivie *très rigoureusement*; on ne doit jamais s'en écarter et il n'en faut négliger aucun détail.

Elle est fondée sur l'action d'un certain nombre de réactifs généraux et de réactifs particuliers. Les réactifs généraux sont : l'acide chlorhydrique ; l'hydrogène sulfuré ; le chlorure d'ammonium, l'ammoniaque et le sulfure d'ammonium ; le carbonate d'ammonium. Ils servent à séparer les métaux en cinq groupes, qui sont précisément ceux que nous avons déjà admis dans la classification donnée page 53. Les réactifs particuliers servent ensuite à différencier entre eux les métaux de chaque groupe.

Lorsque le sel à analyser est donné en dissolution, on ne pourra naturellement pas lui appliquer l'essai préliminaire ; on commencera alors immédiatement par l'application du tableau ci-après (pages 132 et 133). On opérera de la manière suivante :

Dans une petite quantité de la dissolution saline (liqueur primitive), on verse quelques gouttes d'acide chlorhydrique ; s'il y a un précipité, on cherche parmi les métaux du premier groupe, comme il est indiqué dans le tableau. S'il n'y a pas de précipité, on traite la liqueur primitive par un peu d'acide chlorhydrique et par une dissolution d'hydrogène sulfuré ; s'il se produit un précipité, le tableau indique comment il faut opérer pour arriver à connaître le métal cherché. Si l'hydrogène sulfuré ne donne aucun précipité, on traitera la liqueur primitive par le chlorure d'ammonium et l'ammoniaque ; etc. En résumé, on traite la liqueur primitive successivement par les divers réactifs généraux, jusqu'à ce qu'on ait obtenu un précipité, ce qui indique le groupe dont fait partie le métal cherché. L'application des réactifs particuliers indiqués dans le tableau fait ensuite connaître le métal.

Lorsque l'application de ce tableau a indiqué quel est le métal du sel analysé, on ne doit pas encore considérer ce résultat comme certain, car une erreur peut s'être glissée dans l'application de la méthode analytique. Il faut le contrôler en vérifiant *tous* les caractères du métal trouvé. Si le résultat est exact, ces caractères doivent se vérifier et, si quelques-uns d'entre eux ne réussissaient pas, il faudrait pouvoir en donner la raison ; cela pourrait tenir, par exemple, à une trop grande dilution de la liqueur ou à une perturbation introduite par l'acide du sel. Dans tous les cas, les caractères non vérifiés devront toujours être en petit nombre, un ou deux au plus.

Remarques relatives à quelques difficultés que l'on peut rencontrer dans l'application du tableau ci-après

1er Groupe. — Quelques gouttes d'acide chlorhydrique suffisent pour produire un précipité avec les sels d'argent, de mercure au minimum et de plomb ; un excès aurait l'inconvénient de neutraliser l'ammoniaque que l'on y versera ensuite, et dont l'action ne commencerait à se produire que lorsque tout l'acide en excès aurait été saturé. Il est vrai que l'on pourrait séparer le précipité par filtration, le laver et le traiter ensuite par l'ammoniaque, mais cette opération serait un peu longue et il est bien plus rapide de verser directement l'ammoniaque

Tableau pour la recherche du métal d'un sel unique dissous dans l'eau

La liqueur primitive est traitée par HCL

- Précipité *blanc*, soluble dans l'ammoniaque .... *Argent*
- Précipité *blanc*, noirci par l'ammoniaque .... *Mercure* (au minimum)
- Précipité *blanc*, ne changeant pas par l'ammoniaque .... *Plomb*
- Pas de précipité ; on passe à l'essai suivant.

On acidule la liqueur primitive par HCl et on ajoute du H_2S dissous

- Précipité *blanc* ou *blanc-jaunâtre*. = C'est du *soufre*, indiquant la présence d'un corps oxydant (chromate, sel ferrique, etc.) qui a réduit H^2S.
- Précipité *coloré*. = On regarde s'il est soluble ou insoluble dans le *sulfure d'ammonium*.
  - Le précipité est *soluble* dans le sulfure d'ammonium
    - Le précipité était *noir* .... *Or*
    - Le précipité était *orange* .... *Antimoine*
    - Le précipité était *brun-marron* .... *Étain* (au minimum)
    - Le précipité était *jaune*. On le traite par l'*ammoniaque*.
      - Le précipité est *insoluble* dans l'ammoniaque ..... *Étain* (au maximum)
      - Le précipité est *soluble* dans l'ammoniaque. = A la liqueur primitive neutre, on ajoute de l'*azotate d'argent*.
        - Précipité *jaune* .... *Arsenic* (au minimum) (arsénite)
        - Précip. *rouge-brique*. *Arsenic* (au maximum) (arséniate)
  - Le précipité est *insoluble* dans le sulfure d'ammonium
    - Le précipité était *jaune* .... *Cadmium*
    - Le précipité était *noir*.
      - La liqueur primitive est *bleue* ou *verte*, et donne avec l'ammoniaque, un précipité *bleu* soluble en bleu dans excès........ *Cuivre*
      - La liqueur primitive est *jaune-rougeâtre*, et donne avec le *chlorure d'ammonium* un précipité *jaune*.................... *Platine*
      - La liqueur primitive est *incolore*. = On y ajoute de l'*acide sulfurique*.
        - Précipité *blanc* .... *Plomb*
        - Pas de précipité. = A la liqueur primitive, on ajoute de la potasse.
          - Précipité *blanc*. *Bismuth*
          - Précipité *jaune*. *Mercure* (au maximum)
- Pas de précipité ; on passe à l'essai suivant

On ajoute à la liqueur primitive du AzH^4Cl en excès, puis un peu de AzH^4OH (ammoniaque)

- Précipité *couleur de rouille* .... *Fer* (au maximum)
- Précipité *gris verdâtre*.................... *Chrôme*
- Précipité *blanc gélatineux* .... *Aluminium*
- Pas de précipité. — On traite la liqueur précédente (c'est-à-dire contenant AzH^4Cl et AzH^4OH) par **une goutte** de $(AzH^4)^2S$
  - Précipité *blanc* .... *Zinc*
  - Précipité *couleur chair*.................... *Manganèse*
  - Précipité *noir*. — A la liqueur primitive on ajoute de la *potasse*.
    - Précipité *vert sale*, devenant couleur rouille à l'air. *Fer* (au minimum)
    - Précipité *vert clair*........ *Nickel*
    - Précipité *bleu*.............. *Cobalt*
- Pas de précipité ; on passe à l'essai suivant

On ajoute à la liqueur primitive du AzH^4Cl en excès, un peu de AzH^4OH puis du $CO^3(AzH^4)^2$

- S'il y a un précipité, qui est toujours *blanc*, on traite la liqueur primitive par un excès de *Sulfate de Calcium* en dissolution saturée.
  - Pas de précipité, ni de trouble, même au bout de quelques minutes.................... *Calcium*
  - Un précipité ou un trouble *blanc*. On traite la liqueur primitive par un excès de *Sulfate de Strontium* en dissolution saturée.
    - Pas de précipité, ni de trouble, même au bout de quelques minutes. *Strontium*
    - Un précipité ou un trouble *blanc* .... *Baryum*
- Pas de précipité ; on passe à l'essai suivant

A la liqueur primitive on ajoute du AzH^4Cl, un peu de AzH^4OH et enfin du PO^4Na^2H.

- Un précipité *blanc*.................... *Magnésium*
- Pas de précipité. — On chauffe la liqueur primitive avec de la *potasse solide*.
  - Il se dégage du *gaz ammoniac*.................... *Ammonium*
  - Il ne se dégage pas de gaz ammoniac.— La liqueur primitive concentrée si c'est nécessaire, est traitée par du *chlorure de platine* ou de l'*acide picrique*.
    - Un précipité *jaune*. *Potassium*
    - Pas de précipité.... *Sodium*

dans le tube où on aura produit le précipité avec une petite quantité d'acide chlorhydrique.

Les trois précipités indiqués dans le tableau ne sont pas les seuls que l'acide chlorhydrique puisse produire. On peut encore en obtenir dans les cas suivants :

1° Les *silicates*, en dissolution concentrée, donnent un précipité blanc de silice, que l'on reconnait assez aisément à son aspect gélatineux ;

2° Les *arsénites*, en dissolution concentrée, donnent un précipité blanc cristallin, d'anhydride arsénieux, soluble dans excès d'acide chlorhydrique et dans beaucoup d'eau ;

3° Les *sels* de *bismuth* et ceux d'*antimoine* produisent quelquefois un faible précipité, soluble dans excès de réactif ;

4° *Certains sels*, notamment ceux de *baryum* (chlorure, azotate, etc.) en dissolution un peu concentrée, donnent souvent un précipité blanc, surtout si on a versé un peu trop d'acide chlorhydrique. C'est le sel primitivement dissous dans l'eau qui se précipite de la sorte, parce que ces sels sont insolubles dans les acides. Ce précipité se redissout aisément dans un excès d'eau froide ;

5° Les *hyposulfites* donnent, avec l'acide chlorhydrique, un dépôt de soufre qui est d'abord blanc, mais qui devient bientôt blanc-jaunâtre, puis jaune ; de plus, ce précipité est accompagné d'un dégagement d'anhydride sulfureux, surtout à chaud ;

6° Les *benzoates*, traités par l'acide chlorhydrique,

donnent un précipité blanc d'acide benzoique, soluble dans l'ammoniaque, soluble également dans l'eau chaude d'où il cristallise par refroidissement. Cet exemple montre combien il est utile de vérifier tous les caractères du métal trouvé. Supposons, en effet, que, dans ce cas, on se soit contenté d'observer la couleur du précipité et sa solubilité dans l'ammoniaque : on pourra croire que l'on se trouve en présence d'un sel d'argent. Si on se borne à vérifier que ce précipité blanc est soluble dans l'eau chaude et qu'il cristallise par refroidissement, on pourra conclure à un sel de plomb, car c'est là un des caractères les plus importants des sels de ce métal. On voit que, dans les deux cas, un examen trop superficiel conduirait à commettre une grossière erreur. On l'évitera si on vérifie les caractères des sels de ces deux métaux, et même, avant de faire cette vérification, si on observe que le chlorure d'aucun d'eux n'est soluble à la fois dans l'ammoniaque et dans l'eau chaude. On remarquera aussi que les cristaux obtenus par refroidissement de la dissolution dans l'eau chaude sont très différents dans le cas d'un sel de plomb et dans celui d'un benzoate : le chlorure de plomb est cristallisé en aiguilles tandis que l'acide benzoïque cristallise en lamelles.

Il est facile de voir, au moyen d'une seule réaction, si le précipité fourni par l'acide chlorhydrique est dû à la présence d'un des trois métaux indiqués dans le tableau ou bien si c'est une des nombreuses exceptions que nous venons de signaler. Il suffit de traiter la liqueur primitive par l'hydrogène sulfuré ; les sels d'argent, de mercure au minimum, et de plomb, précipitent en noir, tandis que les exceptions ne précipitent pas ou bien donnent des précipités de couleur différente. Cependant le bismuth précipite aussi en noir par l'hydrogène sulfuré, mais ce métal est facile à distinguer des trois premiers, d'abord par la vérification des caractères, et aussi parce que le précipité qu'il donne avec l'acide chlorhydrique est peu abondant et facilement soluble dans excès de réactif ; il arrive même, très fréquemment, que cet acide n'y produit pas de précipité du tout.

2me Groupe. — 1° La méthode suppose essentiellement que l'on verse l'hydrogène sulfuré dans la liqueur acidulée par l'acide chlorhydrique. On s'exposerait à de graves erreurs en négligeant cette précaution. Pratiquement, si l'acide chlorhydrique n'a pas donné de précipité, on verse dans ce même tube, de l'hydrogène sulfuré dissous.

2° On ajoute d'abord peu de ce réactif, puis des quantités de plus en plus grandes, de façon à en employer un excès (10 à 15 fois plus que de ce sel). On regarde si, pendant cette opération, il ne se produit pas un précipité dont la couleur se modifie au fur et à mesure. On sait, en effet, que les sels mercuriques donnent, avec l'hydrogène sulfuré, un précipité qui est d'abord blanc sale, puis jaune rougeâtre et enfin noir, au fur et à mesure que l'on verse de plus grandes quantités de réactif. Les sels mercuriques sont à peu près seuls à présenter ces diverses colorations ; leur constatation sera donc un indice très important. Il faudra néanmoins continuer à appliquer le tableau.

3° Il en sera de même lorsqu'il se produira un précipité blanc-laiteux de soufre. Le tableau indique qu'il est dû à la présence d'un corps oxydant tel qu'un chromate, un sel ferrique, etc. L'hydrogène sulfuré est oxydé d'après la réaction.

$$H^2S + O = H^2O + S ;$$

quant à l'oxygène, il provient de la transformation du sel en un autre moins oxygéné, par exemple les sels ferriques se transforment en sels ferreux qui sont moins oxygénés, puisque les premiers contiennent l'oxyde $Fe^2\ O^3$ et les seconds l'oxyde $Fe\ O$; il s'est produit la réaction $Fe^2\ O^3 = 2\ Fe\ O + O$. Lorsqu'on constate un dépôt de soufre, on passe outre dans l'application du tableau, mais les résultats que l'on obtiendra ultérieurement devront concorder avec le précédent, c'est-à-dire que le sel trouvé devra contenir une base ou un acide très oxygéné.

Il faut éviter de confondre les dépôts de soufre avec les précipités jaunes. Généralement, cette confusion n'est guère possible, car les précipités jaunes possèdent franchement cette couleur, tandis que les dépôts de soufre sont blancs ou blancs-jaunâtres, Dans le doute, on pourra faire brûler le précipité sur une feuille de platine, après l'avoir séparé par filtration et desséché à l'étuve à 100° : si c'est du soufre, il brûle sans fumée, sans résidu, et en produisant une odeur franche d'anhydride sulfureux.

4° Quand l'hydrogène sulfuré ne produit pas immédiatement de précipité, on agite, on chauffe légèrement, on agite encore ; puis on ajoute encore de l'hydrogène sulfuré et on chauffe de nouveau mais sans faire bouillir. On fait ensuite passer dans la liqueur un courant de gaz hydrogène sulfuré pendant quelques minutes ; on agite et on chauffe encore. Toutes ces précautions sont nécessaires pour précipiter certains sels tels que ceux d'étain au maximum et les arséniates, et il importe, pour éviter toute erreur, de ne pas quitter l'hydrogène sulfuré sans être certain que ce réactif ne donne pas de précipité.

5° La vérification de la solubilité ou de l'insolubilité d'un sulfure dans le sulfure d'ammonium exige que l'on prenne certaines précautions. Il arrive fréquemment que l'hydrogène sulfuré ajouté pour obtenir un précipité, est insuffisant pour précipiter, à l'état de sulfure, tout le métal du sel employé. Si, par exemple, le sel à analyser est du protochlorure d'étain, lorsqu'on aura versé de l'hydrogène sulfuré, une certaine quantité de sel sera précipitée à l'état de sulfure d'étain brun-marron et il restera encore du protochlorure d'étain inaltéré. Si on verse dans ce mélange du sulfure d'ammonium pour dissoudre le précipité de sulfure d'étain, le premier effet du sulfure d'ammonium sera de précipiter le protochlorure d'étain restant et, par suite, d'augmenter le précipité de sulfure. Ce précipité étant devenu très abondant, il faudra y ajouter une grande quantité de sulfure d'ammonium pour le dissoudre ; il pourra se faire que, même en remplissant le tube à essais avec ce réactif, il reste encore beaucoup de sulfure non dissous et on sera porté à conclure à son insolubilité, ce qui serait inexact. On évite cet inconvénient en employant une très petite quantité de la liqueur primitive ; le précipité de sulfure sera alors peu abondant et il sera facile de le dissoudre dans le sulfure d'ammonium. Si, toutefois, on observait que l'addition de ce dernier réactif commence par augmenter le précipité, on en jetterait une bonne partie avant de verser un excès de réactif. Une *douce* chaleur facilite la dissolution des sulfures dans le sulfure d'ammonium.

6° Le sulfure de platine est un peu soluble dans le sulfure d'ammonium, mais cette dissolution est très difficile et toujours incomplète.

7° Le précipité que donnent les sels stanneux avec l'hydrogène sulfuré *n'est pas noir, il est brun-marron* ; il est d'autant plus important de bien observer cette couleur, que les précipités noirs produits par l'hydrogène sulfuré sont nombreux

8° Le précipité obtenu avec les sels de bismuth est plus foncé que le précédent, mais il n'est pas encore absolument noir. Toutefois, ici, la différence entre la couleur de ce sulfure et le noir n'est pas telle qu'une confusion ne soit pas possible lorsqu'on n'a pas encore l'habitude de l'analyse.

9° On remarquera que le plomb se trouve deux fois dans le tableau. Cela tient à ce que le chlorure de plomb étant un peu soluble dans l'eau, les dissolutions étendues des sels de ce métal ne précipitent pas par l'acide chlorhydrique. Dans ce cas, le plomb ne serait pas décelé par ce premier réactif ; on le trouvera alors au moyen de l'hydrogène sulfuré, qui précipite toujours, quelle que soit la dilution.

10° Si l'hydrogène sulfuré donne un précipité vert,

cela indique la présence de l'acide chromique dans le sel ; le précipité vert est du sesquioxyde de chrome.

11° Parmi les sels précipitables par l'hydrogène sulfuré, il en est un qui présente, au point de vue analytique, certaines particularités remarquables, c'est le *cyanure de mercure*. Ce sel ne précipite, ni par la potasse, ni par l'iodure de potassium, ni par le carbonate de sodium, tandis que les autres sels mercuriques précipitent très aisément par ces réactifs. Ces exceptions, en contradiction avec les lois de Berthollet, sont, au contraire, parfaitement d'accord avec celles de M. Berthelot. On sait, en effet, que, d'après ce chimiste, une réaction n'est possible que si elle dégage de la chaleur. Or, si on calcule les quantités de chaleur dégagées dans les réactions ci-dessus, on trouve :

$$\underset{\text{diss.}}{HgCy^2} + \underset{\text{diss.}}{K^2O} = \underset{\text{sol.}}{HgO} + \underset{\text{diss.}}{2\,KCy} \quad -25\text{ Cal.}$$

$$\underset{\text{diss.}}{HgCy^2} + \underset{\text{diss.}}{2KI} = \underset{\text{sol.}}{HgI^2} + \underset{\text{diss.}}{2\,KCy} \quad -6{,}8\text{ Cal.}$$

Ces réactions donnent naissance à une absorption de chaleur ; elles ne se produiront donc pas. On peut, toutefois, obtenir ce précipité rouge d'iodure de mercure en opérant en présence de l'acide chlorhydrique, qui transforme le cyanure de mercure en chlorure.

Les exceptions analytiques que présente ce sel pourront en rendre la recherche difficile. Cependant, si on a à sa disposition du sel solide et si on a fait avec soin l'essai préliminaire, cette recherche sera singulièrement facilitée par les résultats obtenus. Le cyanure de mercure se décompose, en effet, sous l'action de la chaleur, en mercure et cyanogène.

$$HgCy = Hg + Cy$$

Le mercure se condense en gouttelettes grises sur les parois froides du tube : le cyanogène se reconnait à son odeur et à ce qu'il brûle avec une flamme pourpre. Il reste au fond du tube une matière noire qui est du paracyanogène. L'essai préliminaire indique donc, dans ce cas, à la fois le métal et l'acide du sel.

On peut cependant arriver à obtenir les caractères des sels mercuriques avec ce sel, en opérant de la manière suivante : on traite une partie de la dissolution par l'hydrogène sulfuré, ce qui donne un précipité noir de sulfure de mercure que l'on dissout dans l'eau régale. On obtient ainsi une dissolution de chlorure et d'azotate mercuriques avec laquelle il sera facile de vérifier les caractères. Il faut éviter d'employer un excès d'eau régale, car une dissolution trop acide pourrait gêner la vérification de certains caractères.

3e Groupe. — 1° On doit verser dans la dissolution saline, d'abord du chlorure d'ammonium *en grand excès* (on prendra environ 1/2 centimètre cube à 1 centimètre cube de sel et 10 à 15 centimètres cubes de chlorure d'ammonium), puis quelques gouttes d'ammoniaque. Il est très important d'employer un excès de chlorure d'ammonium : si on négligeait cette précaution, l'ammoniaque précipiterait non seulement les métaux de la première subdivision, mais aussi ceux de la seconde.

2° Le sulfure d'ammonium doit être versé dans le tube contenant déjà, avec le sel, du chlorure d'ammonium et de l'ammoniaque, par ce que ce réactif agit mieux en liqueur alcaline, et d'autre part, si on alcalinisait la liqueur avec de l'ammoniaque seule, il se produirait un précipité dont le chlorure d'ammonium empêchera la formation.

3° Il est très important d'employer *une seule goutte* de sulfure d'ammonium, sinon le précipité pourra être coloré par l'excès de ce réactif et paraître jaune. Cette précaution est particulièrement importante avec les sels de zinc qui donnent un précipité blanc ; même avec une seule goutte de réactif, il pourra arriver que ce précipité soit légèrement coloré en jaune, on ajoutera alors un peu de sel de zinc jusqu'à ce que le précipité soit bien blanc.

4° Les débutants confondent quelquefois les sels ferreux avec ceux de nickel à cause de leur couleur verte et d'un certain nombre de caractères qu'un examen superficiel peut faire paraître semblables. Une vérification soignée de ces caractères ne doit laisser aucun doute sur la nature du sel. Nous signalerons, par exemple, les différences suivantes ; à concentration égale, les sels de nickel sont beaucoup plus colorés que les sels ferreux ; le précipité donné par la potasse est d'un vert-clair très propre dans le cas des sels de nickel, tandis que, dans le cas des sels ferreux, il est plutôt vert-sale et prend bientôt une couleur rouille, surtout à la surface et sur les parois du tube ; enfin les sels ferreux décolorent le permanganate de potassium, ce que ne font pas les sels de nickel. On voit, par cet exemple, combien il importe de ne pas se contenter de la vérification de quelques caractères.

3° On voit que dans ce groupe, il n'y a pas de métal donnant un précipité jaune avec le sulfure d'ammonium. Si on obtenait un pareil précipité, et si on était certain que sa couleur n'est pas due à la présence d'un excès de réactif, il faudrait en conclure que le métal était précipitable en jaune par l'hydrogène sulfuré et qu'on n'a pas vu ce précipité lorsqu'on a employé ce réactif. Il y aurait donc lieu d'y revenir.

4e Groupe. — 1° Dans ce cas, comme dans le troisième groupe, il faut verser dans le sel *un grand excès* de chlorure d'ammonium, puis quelques gouttes d'ammoniaque, et enfin du carbonate d'ammonium. Le chlorure d'ammonium en excès a pour effet d'empêcher la précipitation du magnésium par le carbonate. S'il ne se produit pas immédiatement de précipité, on chauffe légèrement.

2° Les trois métaux de ce groupe Ca, Sr, Ba, se ressemblent beaucoup au point de vue analytique et il importe d'en faire la distinction avec soin. Le moyen le plus sûr consiste à employer les sulfates de calcium et de strontium. On a vu, à propos des caractères de ces trois métaux, que le sulfate de calcium était peu soluble, le sulfate de strontium encore moins, et le sulfate de baryum pas du tout. Il en résulte que, d'après les lois de Berthollet, le sulfate de calcium, en dissolution saturée, précipitera les sels de strontium et de baryum, et que le sulfate de strontium précipitera seulement les sels de baryum, d'où la distinction de ces trois métaux telle qu'elle est indiquée dans le tableau. Les précipités obtenus avec les sulfates de calcium et de strontium ne sont jamais bien abondants puisque, ces sels étant peu solubles, la dissolution que l'on emploie en contient peu et, par suite, ne peut donner que peu de précipité. On hâte ces précipitations en agitant et chauffant *légèrement*.

3e On a vu que le sulfate de calcium précipitait les sels de strontium et ceux de baryum. On peut, à la rigueur, se servir de cette réaction pour différencier ces deux derniers métaux : avec le strontium, le précipité est lent à se former, tandis qu'il est immédiat avec le baryum. Mais cette méthode ne vaut pas celle que nous avons indiquée ci-dessus et qui est fondée sur l'emploi du sulfate de strontium.

4o On évitera de se fier à la coloration de la flamme pour distinguer le strontium du calcium. Certains sels de calcium, le chlorure notamment, donnent à la flamme des colorations à peu près aussi rouges que beaucoup de sels de strontium,

5e Groupe. — 1o Les sels de potassium et ceux d'ammonium possèdent un grand nombre de caractères communs ; il importe donc, pour bien différencier ces deux métaux, de vérifier avec beaucoup de soins ceux de ces caractères qui sont particuliers à chacun d'eux. Les plus distinctifs sont les suivants

qui, avec les sels ammoniacaux, donnent les résultats ci-dessous :

Potasse solide. — Dégagement de gaz ammoniac à chaud.

Hypobromite de potasse. — Dégagement de bulles d'azote.

Réactif de Nessler. — Précipité brun-rouge.

Ces trois réactifs ne donnent rien avec les sels de potassium. Il faudra toujours les employer lorsqu'on croira avoir trouvé, soit du potassium, soit de l'ammonium.

Ajoutons que la plupart des sels ammoniacaux solides, chauffés sur une feuille de platine ou sur un fragment de porcelaine, se volatilisent sans résidu ; les phosphates et le borate d'ammonium laissent un résidu vitreux d'acide métaphosphorique et d'acide borique. Si le sel est dissous, on en évaporera d'abord une goutte sur la feuille de platine en chauffant lentement ; après disparition de l'eau, on verra apparaître le sel solide que l'on chauffera comme on vient de le dire.

2° Les caractères du potassium ne sont pas tous bien nets, lorsque le sel à analyser est de l'iodure de potassium. C'est ainsi que, lorsqu'on le traite par le chlorure de platine, on obtient, au lieu d'un précipité jaune, une coloration rouge brun foncé, due à la formation d'iodure de platine ; de même, l'acide phosphomolybdique donne, au lieu d'un précipité jaune, un précipité vert.

3° Les sels de sodium ne possèdent que peu de caractères. Les précipités donnés par le pyroantimoniate de sodium et par l'acide fluosilicique ne sont pas toujours d'une bien grande netteté ; quant à la coloration de la flamme, sa très grande sensibilité est souvent un inconvénient, car il suffit de traces infiniment petites de sel de sodium restées adhérentes au fil de platine pour obtenir la coloration jaune. Il faudra avoir bien soin, dans ce cas, plus que dans tout autre, de nettoyer parfaitement le fil de platine avant de s'en servir et on ne devra attribuer la coloration jaune de la flamme au sel que l'on étudie, que si elle est très intense.

Ce qu'il faut conclure de ces remarques, c'est qu'il est quelquefois difficile de caractériser un sel de sodium par ses caractères analytiques positifs. Il est prudent, dans les cas douteux, de s'assurer, par la vérification de leurs caractères, que l'on n'a pas à faire à un autre métal du même groupe, notamment au potassium ou à l'ammonium.

Remarque. — Si l'application de la méthode précédente ne donne ni précipité, ni dégagement gazeux permettant de prévoir la nature du métal contenu dans la dissolution, il y aura lieu de supposer que l'on est en présence d'eau distillée. On s'en assurera en évaporant *lentement* une goutte de cette dissolution sur une feuille de platine ou sur un fragment de porcelaine ; s'il ne reste aucun résidu solide, c'est qu'on avait bien réellement de l'eau distillée. Il importe d'évaporer *lentement* car, si on chauffait trop fort, on pourrait volatiliser le sel s'il était volatil, ce qui est le cas de la plupart des sels ammoniacaux.

On peut, si on le préfère, faire cette opération au début de l'analyse pour s'assurer que l'on a bien réellement un sel en dissolution.

RECHERCHE DE L'ACIDE D'UN SEL UNIQUE DISSOUS DANS L'EAU

Lorsqu'on a trouvé le métal d'un sel, il faut en rechercher l'acide. Nous distinguerons, dans cette recherche, deux cas, suivant que l'acide est minéral ou organique. On a vu aux essais préliminaires (action de la chaleur, 6°; page 127) comment on reconnaissait la présence d'un acide organique. Nous avons dit, à ce propos que, dans cet ouvrage, nous ne traiterions de la recherche des acides organiques que dans le cas où ils sont combinés à un métal alcalin ou alcalino-terreux (4e et 5e groupes). Par conséquent, *si on admet cette convention*, lorsque le métal trouvé appartiendra à l'un des trois premiers groupes, il sera certainement combiné à un acide minéral ; s'il appartient à l'un des deux derniers, on devra d'abord regarder si l'acide est minéral ou organique, avant d'en faire la recherche.

1. — Recherche des acides minéraux

Il arrive fréquemment que la présence du métal complique et gêne la recherche de l'acide, à cause des précipités auxquels il peut donner naissance ; les métaux alcalins seuls, le sodium en particulier, qui précipite par un petit nombre de réactifs, n'introduiront aucun trouble dans la recherche de l'acide. Aussi est-il préférable, avant de rechercher l'acide d'un sel, de le débarrasser de son métal et de le transformer en un sel de sodium ayant le même acide que le sel primitif. Pour cela, on le traite par le carbonate de sodium qui précipite tous les métaux, sauf les métaux alcalins, à l'état de carbonate. Supposons, par exemple, que l'on ait une dissolution de sulfate de nickel. On vient d'en trouver le métal, le nickel, et on se propose d'en rechercher l'acide. On le traite par du c rbonate de sodium dissous qui donne naissance à la réaction :

$$\underset{\text{soluble}}{SO^4Ni} + \underset{\text{soluble}}{CO^3Na} = \underset{\text{insoluble}}{CO^3Ni} + \underset{\text{soluble}}{SO^4Na^2}$$

Le carbonate de nickel, insoluble se précipite, On filtre. La liqueur filtrée contient du sulfate de sodium, c'est-à-dire un sel *ayant même acide que le sel primitif* combiné à un métal alcalin. On pourra donc, dans cette dissolution, chercher l'acide de sel à analyser, sans être gêné par les réactions du métal.

L'opération n'est cependant pas tout à fait aussi simple qu'elle peut le paraître au premier abord ; certaines précautions sont nécessaires. Et d'abord, pour n'être plus gêné par le nickel, il faut le précipiter *complètement* car, s'il restait un peu de sulfate de nickel inaltéré, il passerait dans la liqueur filtrée où l'on retrouverait les inconvénients que l'on a voulu éviter. On verse donc du carbonate de sodium jusqu'à ce qu'il paraisse ne plus se former de précipité ; on filtre et on regarde si cette liqueur filtrée ne précipite plus par le carbonate. Si elle précipite, on en verse encore un peu, on filtre de nouveau et on traite la nouvelle liqueur filtrée par le carbonate de sodium. On continue jusqu'à ce qu'on ait obtenu une liqueur ne précipitant plus par ce réactif. On est alors certain de s'être débarrassé de tout le métal, du nickel dans l'exemple choisi.

On voit que, pour arriver à ce résultat, on aura été conduit à verser un excès de carbonate de sodium. La liqueur filtrée contiendra donc du sulfate de sodium avec un peu de carbonate du même métal. La présence de l'acide carbonique serait un obstacle à la recherche du premier acide; on s'en débarrasse en traitant la liqueur par de l'acide acétique qui décompose le carbonate en donnant de l'anhydride carbonique qui se dégage et de l'acétate de sodium qui reste dissous :

$$CO^3Na^2 + 2C^2H^4O^2 = \underset{\text{volatil}}{CO^2} + \underset{\text{soluble}}{2C^2H^3NaO^2} + H^2O$$

On verse l'acide acétique peu à peu, en agitant avec une baguette de verre; on s'arrête quand il ne se dégage plus de bulles gazeuses d'anhydride carbonique.

La liqueur obtenue contient donc du sulfate de sodium, de l'acétate de sodium et un peu d'acide acétique. Ces deux derniers corps ne troublent pas les réactions dont on se sert pour rechercher les acides minéraux : on pourra donc employer cette liqueur pour rechercher l'acide du sel primitif, l'acide sulfurique dans l'exemple choisi.

Il faut avoir soin, quand on fait ces diverses opérations, de ne pas verser un trop grand excès de carbonate de sodium, ce qui exigerait l'emploi de beaucoup d'acide acétique pour le décomposer. La liqueur serait alors très étendue par la grande quantité de ces deux réactifs ; il pourrait en résulter des difficultés dans la recherche de l'acide.

Enfin, on doit également éviter d'employer un excès d'acide acétique dont la présence en quantité notable pourrait modifier la solubilité de certains précipités.

En résumé, on traite la liqueur primitive par le carbonate de sodium jusqu'à ce qu'il ne se forme plus de précipité ; on filtre et on verse dans la liqueur filtrée de l'acide acétique jusqu'à ce qu'il n'y ait plus d'effervescence, C'est dans la liqueur ainsi obtenue qu'on cherche l'acide, en appliquant la méthode que nous allons indiquer.

Il est bien entendu que, si le métal était alcalin (K ; Az H^4 : Na), on ne devrait faire subir au sel aucun traitement; on lui appliquerait directement la méthode ci-dessous (pages 152 et 153).

Lorsque l'application de ce tableau a indiqué quel était l'acide du sel à analyser, on doit en vérifier tous les caractères avant de conclure à l'exactitude du résultat obtenu,

Quand on a déterminé le métal et l'acide, on connaît complètement la nature du sel. Si, par exemple, on a trouvé du bismuth et de l'acide azotique, le sel était de l'azotate de bismuth.

Tableau pour la recherche de l'acide minéral d'un sel unique dissous dan l'eau

---

La recherche préalable du métal a permis de découvrir la présence des acides : *silicique* (en dissolution concentrée) ; *carbonique* ; *sulfhydrique ; sulfureux ; hyposulfureux ; arsénieux ; arsénique* et *chromique*.

Les *Silicates*, en dissolution concentrée, donnent avec l'acide chlorhydrique, un précipité *blanc gélatineux*.

Les *Carbonates*, traités par l'acide chlorhydrique, produisent une *vive effervescence* avec dégagement d'*anhydride carbonique*.

Les *Sulfures* — — dégagent de l'*hydrogène sulfuré*.

Les *Sulfites*, — — dégagent de l'*anhydride sulfureux, sans dépôt de soufre*.

Les *Hyposulfites*, — — dégagent de l'*anhydride sulfureux, avec dépôt de soufre*.

Les *Arsénites* et les *Arséniates* donnent, avec l'hydrogène sulfuré, en liqueur acide, un précipité *jaune*, soluble dans le sulfure d'ammonium et dans l'ammoniaque.

Les *Chromates* sont *jaunes* ou *rouges* et donnent, avec l'hydrogène sulfuré, un précipité *vert*, mêlé de soufre.

Si, dans la recherche du métal, on n'a constaté la présence d'aucun des acides précédents, on applique le tableau suivant :

Essai	Résultat	Acide
Une ou deux gouttes de la liqueur primitive sont versées dans un mélange de *sulfate ferreux solide* et *d'acide sulfurique*.	Il se produit une *coloration rose*........	*Acide azotique.*
	Pas de coloration rose on passe à l'essai suivant.	
Quelques fragments du sel solide sont traités par quelques gouttes d'*acide sulfurique* concentré..	Il se produit des *vapeurs jaunes* qui détonent sous l'action de la chaleur............................	*Acide chlorique*
	Pas de vapeurs jaunes ; on passe à l'essai suivant.	

Essai	Résultat	Acide
La liqueur primitive, acidulée par HCl (ou par AzO_3H), est traitée par $BaCl_2$ (ou par $(AzO_3)_2Ba$).	Précipité *blanc*, pulvérulent, *insoluble* dans excès *d'acide chlorhydrique*...	*Acide sulfurique.*
	Précipité *blanc*, *soluble* dans excès d'*acide chlorhydrique*..	*Acide phosphorique.*
	Pas de précipité. — On passe à l'essai suivant.	

Essai	Précipité	Essai complémentaire	Acide
On ajoute à la liqueur primitive quelques gouttes d'ammoniaque, puis du $CaCl_2$.	Précipité *blanc facilement soluble* dans l'*acide acétique*.	La liqueur primitive, traitée par AzH_4Cl ; AzH_3 et SO_4Mg, donne un précipité *blanc* et cristallin............................	*Acide phosphorique.*
		Une bandelette de *papier de curcuma*, plongée dans la liqueur acidulée, puis légèrement chauffée, devient *rouge brun*.	*Acide borique.*
	Précipité *blanc difficilement soluble* dans l'*acide acétique*.	Une partie de la liqueur primitive, acidulée par HCl et évaporée à siccité, laisse un résidu insoluble....................	*Acide silicique.*
		Pas de résidu insoluble	*Acide fluorhydrique.*
	Précipité *blanc, insoluble* dans l'*acide acétique*......................		*Acide oxalique.*
	Pas de précipité. On passe à l'essai suivant.		

Essai	Résultat	Acide
La liqueur primitive, acidulée par AzO_3H, est traitée par AzO_3Ag.	Précipité *jaune-clair, insoluble* dans l'*ammoniaque*.................	*Acide iodhydrique.*
	Précipité *blanc-jaunâtre, un peu soluble* dans l'*ammoniaque*	*Acide bromhydrique.*
	Précipité *blanc, très soluble* dans l'*ammoniaque*..........................	*Acide chlorhydrique.*
	Précipité *blanc, un peu soluble* dans l'*ammoniaque*, *soluble* dans le *cyanure de potassium*..	*Acide cyanhydrique.*
	Pas de précipité. — On passe à l'essai suivant.	

La liqueur primitive est acidulée par l'acide chlorhydrique ; on y plonge une bandelette de *papier de curcuma* que l'on dessèche avec précaution ; la partie plongée prend une teinte *rouge-brun*. *Acide borique.*

Remarques relatives à quelques difficultés que l'on peut rencontrer dans l'application du tableau précédent

1° On a vu, à propos de l'emploi de l'acide chlorhydrique dans la recherche des métaux, que les *silicates* en dissolution concentrée, donnaient, sous l'action de cet acide, un précipité blanc, gélatineux, assez facile à reconnaître. Lorsqu'on aura obtenu ce résultat, on continuera l'application du tableau sans s'en préoccuper ; mais, après avoir trouvé le métal, on vérifiera immédiatement les caractères des silicates.

2° Lorsque, dans la recherche du métal, on traite la dissolution saline par l'acide chlorhydrique, il faut avoir bien soin d'observer, non seulement les précipités qui peuvent se former, mais encore les dégagements gazeux que l'on reconnaît à une effervescence plus ou moins abondante et à l'odeur particulière du gaz produit.

Lorsque l'effervescence est tumultueuse et n'est accompagnée d'aucune odeur, elle est généralement due à de l'anhydride carbonique. On continue alors l'application du tableau des métaux sans se préoccuper de l'effervescence ; quand on a trouvé le métal et vérifié ses caractères, on vérifie directement ceux des *carbonates*. Le métal doit être, dans ce cas, un métal alcalin, car ce sont les seuls qui donnent des carbonates solubles.

Les *sulfures*, traités par HCl, dégagent de l'hydrogène sulfuré que l'on reconnaît à son odeur ; on la perçoit plus aisément en chauffant un peu le liquide.

Les *sulfites* et les *hyposulfites* donnent, sous l'action de HCl, de l'anhydride sulfureux dont l'odeur est bien connue et que l'on exagère par l'action d'une chaleur modérée. De plus, les *hyposulfites*, d'abord limpides, se troublent peu à peu en produisant un dépôt de soufre blanc, puis blanc-jaunâtre, et enfin jaune.

Les *sulfures*, *sulfites* et *hyposulfites*, traités par un acide, dégagent lentement le gaz H^2S ou SO^2 sans produire d'effervescence bien sensible.

3° On a vu comment la recherche des métaux amenait à trouver les acides *arsénieux* et *arsénique*. Quand on a caractérisé l'un de ces acides, on peut faire passer dans sa dissolution acidulée par HCl un courant de gaz hydrogène sulfuré jusqu'à précipitation complète de l'arsenic. On filtre de temps en temps et on s'arrête lorsque l'hydrogène sulfuré ne précipite plus. Avec les arséniates, il est bon d'opérer à chaud, dans une fiole à fond plat. La liqueur limpide, obtenue après précipitation complète et filtration, est portée à l'ébullition dans une capsule de porcelaine jusqu'à ce que l'hydrogène sulfuré dissous se soit *complètement* dégagé. On reconnait qu'on a obtenu ce résultat à ce que une petite quantité de cette liqueur, versée dans un sel de plomb, n'y produit pas trace de précipité. Cette dissolution, débarrassée de l'acide, contient encore le métal; on le cherche en continuant à appliquer le tableau. Pratiquement, les seuls arsénites et arséniates solubles étant ceux des métaux alcalins, on se contentera de chercher parmi ces trois métaux. Il ne sera même pas toujours nécessaire. pour cela, de précipiter l'acide dont la présence ne gêne guère la vérification des caractères des métaux alcalins.

4° La réaction la plus sensible pour déceler l'*acide azotique* est celle qui est indiquée dans le tableau précédent (coloration rose avec le sulfate ferreux solide et l'acique sulfurique). Elle est préférable au dégagement de vapeurs nitreuses que produit l'action de l'acide sulfurique et du cuivre ; ces vapeurs étant souvent invisibles avec des azotates en dissolution étendue, comme c'est souvent le cas, par exemple quand on a précipité le métal par le carbonate de sodium. Pour avoir plus de sensibilité, on pourra faire cette réaction en opérant directement avec la liqueur primitive qui est plus concentrée ; si le métal donne un précipité avec l'acide sulfurique, cela ne gêne pas pour constater le dégagement de vapeurs nitreuses.

5° Il faut prendre garde de ne pas confondre les *bromures* avec les *azotates*.

(*a*) Les *bromures* donnent, en effet. avec l'acide sulfurique à chaud, un dégagement de vapeurs rouge foncé de brome. Cette réaction se produira encore si on opère en présence du cuivre, et pourra faire croire à la présence de vapeurs nitreuses. Elles en diffèrent par leur odeur et en ce que les vapeurs de brome se liquéfient en gouttelettes rouges sur les parois froides du tube. De plus, la couleur des vapeurs de brome est notablement plus foncée que celle des vapeurs nitreuses.

(*b*) Si on traite un *bromure* par le sulfate ferreux et l'acide sulfurique à froid, le sulfate n'aura aucune action, mais l'acide déplacera peu à peu le brome qui colorera la liqueur en rouge clair, ressemblant un peu à la couleur que donnent les *azotates* dans les mêmes conditions.

(*c*) Enfin on a vu, à propos des caractères des *azotates*, que ces sels décolorent l'indigo en présence de l'acide sulfurique. Les *bromures* se comportent de même, car le brome, mis en liberté par l'acide, décolore l'indigo.

On voit donc qu'un examen superficiel pourrait faire confondre un *azotate* avec un *bromure*. Dans les cas douteux, on vérifiera aussi les caractères des *bromures* (nitrate d'argent, bioxyde de manganèse et acide sulfurique, etc.)

6° Lorsqu'on acidulera la liqueur par HCl, avant de la traiter par le *chlorure de baryum*, on aura bien soin de n'employer que quelques gouttes d'acide. On a vu, en effet (page 134, 4°) que le chlorure de baryum était insoluble dans les acides ; ce sel serait donc précipité par l'excès d'acide chlorhydrique libre, quel que soit l'acide du sel à analyser. La production de ce précipité pourrait induire en erreur en faisant supposer l'existence d'un sulfate ou d'un phosphate ;

7° L'*acide phosphorique* est indiqué deux fois dans le tableau, parceque le chlorure de baryum en liqueur acide ne le précipite pas toujours. Cela tient à ce que le précipité de phosphate de baryum est assez soluble dans les acides ; il ne se produira donc en présence de HCl, que si on a employé très peu de cet acide et si le phosphate est en dissolution concentrée. Dans les autres cas, il n'y aura pas de précipité. On trouvera alors l'acide phosphorique par l'emploi du chlorure de calcium en liqueur alcaline ; dans ces conditions, les phosphates précipitent toujours.

8° Si après avoir précipité le métal par un excès de carbonate de sodium, on verse dans la liqueur filtrée une quantité insuffisante d'acide acétique, le carbonate restant donnera, avec le chlorure de calcium, un précipité blanc, de carbonate de sodium, très facilement soluble dans l'acide acétique *avec effervescence*. Ne pas confondre ce précipité avec le précipité blanc que donne le même réactif, avec les phosphates et avec les borates ; ce précipité est aussi facilement soluble dans l'acide acétique, mais *sans effervescence*.

On obtiendrait encore ce même précipité si le sel à analyser était un carbonate et si on n'avait pas vu l'effervescence produite par l'acide chlorhydrique.

On voit qu'on n'obtient ce précipité que si on a mal opéré ou si on a mal observé les phénomènes qui se sont produits, il y aura donc lieu, dans ce cas, de revenir sur l'erreur commise.

9° Nous avons vu, à propos de la recherche des métaux, que la précipitation de *l'acide arsénique* par l'hydrogène sulfuré était longue et difficile.

Il pourra donc arriver, si on opère un peu trop vite ou si la dissolution est étendue, qu'on n'obtienne pas trace de précipité. On trouvera, dans ce cas, l'acide arsénique de la manière suivante ; cet acide présente de grandes analogies avec l'acide phosphorique ; ces analogies se retrouvent dans leurs caractères analytiques. Aussi si on applique le tableau des acides minéraux à la recherche d'un arséniate, on trouvera un phosphate, dont on pourra vérifier la plupart des caractères. On observera cependant quelques différences dont la plus caractéristique sera donnée par le nitrate d'argent. Ce réactif devrait donner, avec un phosphate, un précipité jaune ou blanc : avec un arséniate, au contraire, le précipité sera rouge brique. Lorsqu'il se produira on devra vérifier les caractères des arséniates, reprendre notamment celui de l'hydrogène sulfuré et tâcher de le faire réussir.

10° Les *borates* ne sont précipités par le chlorure de calcium que si leur dissolution est un peu concentrée. C'est pour cela que, à la fin du tableau, on indique de nouveau la recherche de l'acide borique.

Remarque. — Les acides *azotique, sulfurique, chlorhydrique, bromhydrique* et *iodhydrique* donnent, avec la plupart des métaux, des sels solubles ; on les rencontrera donc fréquemment, les trois premiers surtout, dans l'analyse d'un sel soluble. Les autres acides ne donnent guère de sels solubles qu'avec les métaux alcalins quelquefois, avec les métaux alcalino-terreux, on les rencontrera moins souvent.

II. — Recherche des Acides Organiques

La méthode que nous allons indiquer n'est directement applicable que lorsque l'acide organique est combiné à un métal alcalin ou alcalino-ferreux (4me et 5me groupes). Dans les autres cas, il faudrait commencer par séparer le métal. Mais ici on ne pourrait plus employer la méthode indiquée à propos de la recherche des acides minéraux, parce que l'addition d'un acide organique, l'acide acétique, introduirait une complication. Le mode de séparation des métaux que l'on emploie habituellement dans ce cas, est un peu complexe. Pour simplifier, nous supposerons que l'on n'a à rechercher des acides organiques que combinés à des métaux alcalins ou alcalino-terreux.

Tableau pour la recherche de l'acide organique d'un sel unique disssous dans l'eau.

Dans la liqueur primitive, on verse du AzH_4OH, du AzH_4Cl, et enfin du $CaCl_2$.

Un précipité *blanc*	Le sel charbonne beaucoup.....		*Acide tartrique*
	Le sel charbonne très peu ou pas du tout................		*Acide oxalique*
Pas de précipité. La liqueur primitive, neutralisée dans le cas où elle ne le serait pas, est traitée par Fe^2Cl^6.	Précipité volumineux, *jaune rougeâtre*...............		*Acide benzoïque*
	Coloration *rouge foncé* et, par ébullition prolongée, précipité *brun rouge clair*. — On traite la liqueur primitive par l'*alcool* et l'*acide sulfurique* et on chauffe.	Odeur d'éther acétique....	*Acide acétique*
		Odeur d'éther formique...	*Acide formique*

Remarques relatives à quelques difficultés que l'on peut rencontrer dans l'application du tableau précédent

1° Le précipité que donnent les *tartrates* avec le chlorure de calcium, ne se forme pas toujours immédiatement. Il est bon d'employer un petit excès de réactif et de gratter les parois du tube avec une baguette de verre. Les *oxalates*, au contraire, précipitent immédiatement par le chlorure de calcium. Cette différence dans la rapidité de formation de ces deux précipités est quelquefois employée pour différencier les acides tartrique et oxalique.

2° L'*Acide oxalique* est indiqué dans le tableau des acides minéraux et dans celui des acides organiques, parce que les oxalates charbonnent peu ou pas du tout.

3° Les *acides acétique* et *formique* se ressemblent assez au point de vue analytique. Aussi est-il bon, pour les distinguer, de faire chaque fois les caractères de ces deux acides. L'acide acétique se caractérise surtout par l'odeur de l'éther acétique; l'acide formique par son action réductrice sur l'azotate d'argent.

4° Les *formiates* charbonnent très peu, les *acétates* davantage, les *benzoates* et les *tartrates* beaucoup plus. Si on chauffe trop brusquement un sel qui charbonne peu, on peut brûler le charbon déposé et on croira être en présence d'un acide minéral. Il faut donc chauffer avec précaution. C'est encore ce qu'il faut faire avec des sels volatils, comme le benzoate d'ammonium : si on le chauffe trop fort, il se volatilise avant de charbonner ; mais si on opère avec précaution, on obtient un dépôt de charbon parfaitement visible.

RECHERCHE DES MÉTAUX DANS UN MÉLANGE DE DEUX SELS SOLUBLES AYANT LE MÊME ACIDE

La solution de ce problème, dans le cas le plus général, est un peu longue et délicate. Pour simplifier, nous examinerons seulement le cas où les deux métaux appartiennent à des groupes différents. Le principe de la méthode consiste à appliquer le tableau de la recherche des métaux jusqu'à ce que l'un des réactifs généraux ait produit un précipité et à verser de ce réactif jusqu'à ce qu'il ne se précipite plus rien. D'après la convention adoptée, un seul métal est ainsi précipité. On filtre. On dissout le précipité dans un dissolvant approprié ; la dissolution ainsi obtenue contient le premier métal. On cherche le second dans la liqueur filtrée en continuant à appliquer le tableau. Nous allons donner quelques détails sur l'application pratique de cette méthode.

I. — La liqueur primitive est traitée par HCl. S'il se forme un précipité, il indique la présence de l'argent, du mercure au minimum ou du plomb. On prend environ la moitié de la liqueur ; on y verse de l'acide chlorhydrique jusqu'à ce qu'il ne se forme plus de précipité ; on filtre. On lave le précipité avec un peu d'eau distillée froide et on en traite une partie par l'ammoniaque ; la réaction qui se p-oduit indique la nature du métal. On en vérifie les caractères en opérant de la manière suivante :

Si l'essai que l'on vient de faire indique la présence de l'argent ou de plomb, on met une certaine quantité du précipité de chlorure dans une petite capsule de porcelaine ou mieux de platine, avec un peu d'eau, un fragment de zinc et quelques gouttes d'acide chlorhydrique, de manière à obtenir un léger dégagement d'hydrogène. Le zinc déplacera l'argent ou le plomb. On enlève mécaniquement le zinc en excès et on dissout dans l'acide chlorhydrique les petits fragments qui pourraient rester. Le plomb ou l'argent métallique obtenus seront dissous dans l'acide azotique. La solution d'azotate obtenue servira à vérifier les caractères du métal.

Si l'essai sur le précipité du chlorure a indiqué la présence du mercure au minimum, on dissout dans l'eau régale le résidu noir obtenu par l'action de l'ammoniaque sur ce précipité. Le sel de mercure ainsi obtenu sera au maximum par suite de l'oxydation produite par l'eau régale. Cette dissolutiou présente donc les caractères de sels mercuriques ; on devra cependant conclure à la présence d'un sel mercureux dans la liqueur primitive, puisque les sels mercuriques ne précipitent pas par l'acide chlorhydrique.

II. — Après avoir précipité la liqueur primitive par HCl et filtré, on obtient une dissolution contenant le second métal. Cette dissolution est traitée par H^2S en liqueur acide. On traite de même la liqueur primitive, si elle n'a pas précipité par HCl. S'il se forme un précipité, cela indique la présence d'un des métaux du deuxième groupe. On prend une certaine quantité de la dissolution, on l'acidule par HCl, on y fait passer un courant de gaz hydrogène sulfuré jusqu'à ce qu'il ne se produise plus de précipité, on filtre et on lave le précipité avec de l'eau distillée. On le fait tomber dans une fiole à fond plat en perçant le filtre avec une baguette de verre et on le dissout dans l'acide chlorhydrique ou azotique, ou dans l'eau régale, en ayant soin de ne pas employer un trop grand excès d'acide ; on chauffera légèrement pour faciliter la dissolution, si c'est nécessaire. On obtient ainsi une dissolution contenant un seul métal, que l'on caractérisera par la méthode déjà indiquée.

On peut également appliquer le tableau ci-après (page 166).

Les solutions dans les acides obtenues en appliquant ce tableau servent à vérifier les caractères du métal et à différencier ceux qui, dans ce tableau, sont mis dans un même groupe : acides arsénieux et arsénique, bismuth, plomb, cuivre et platine. Il faut éviter d'employer un excès d'acide dont la présence pourrait gêner la vérification de certains caractères.

Le sulfure de platine est quelquefois peu soluble dans l'acide azotique, surtout s'il a été précipité à l'ébullition. Il est plus soluble dans l'eau régale.

Après le traitement par l'hydrogène sulfuré, trois cas peuvent se présenter :

Le précipité obtenu par l'action de H^2S est traité par $(AzH^4)^2S$. On chauffe légèrement	Le précipité est soluble dans $(AzH^4)^2S$)	Le précipité était *noir* ; insoluble dans HCl et dans AzO^3H ; soluble dans l'eau régale.	*Or*
		Le précipité était *orangé ;* soluble dans HCl bouillant.	*Antimoine*
		Le précipité était *brun-marron* ; soluble dans HCl bouillant.	*Étain* (au minimum)
		Le précipité était *jaune* ; insoluble dans AzH^4OH soluble dans HCl bouillant.	*Étain* (au maximum)
		Le précipité était *jaune* ; soluble dans AzH^4OH et dans AzO^3H bouillant.	*Arsenic* (au maximum au minimum)
	Le précipité est insoluble dans $(AzH^4)^2S$	Le précipité était *jaune* ; soluble dans HCl et dans AzO^3H bouillants.	*Cadmium*
		Le précipité était *noir* ; soluble dans AzO^3H bouillant.	*Bismuth* ; *Plomb* ; *Cuivre ou Platine.*
		Le précipité était *noir* ; insoluble dans AzO^3H ; soluble dans l'eau régale.	*Mercure* (au maximum)

1° *Les deux métaux ont été précipités*, l'un par HCl, l'autre par H^2S. — Il ne reste plus qu'à trouver l'acide. On opère comme dans le cas d'un seul métal, c'est-à-dire que l'on précipite les deux métaux simultanément en versant du carbonate de sodium dans la liqueur primitive; on filtre; on décompose l'excès de carbonate par l'acide acétique et on applique la méthode indiquée pour la recherche des acides.

2° *Un seul métal a été précipité*, soit par HCl, soit par H^2S et séparé par filtration. — Quel que soit le réactif qui a précipité ce métal, la liqueur limpide qui contient le second a été traitée par un courant d'hydrogène sulfuré dont une certaine quantité s'est dissoute dans le liquide. La présence de ce gaz risquerait de troubler les réactions ultérieures. On s'en débarrasse en le faisant bouillir pendant quelques minutes dans une capsule de porcelaine. — On le laisse refroidir et on le soumet à l'essai III.

3° *Aucun métal n'a été précipité*, ni par HCl, ni par H^2S. — La liqueur primitive est soumise à l'essai III.

III. — On verse dans la dissolution du AzH^4Cl, en excès, puis de l'*Ammoniaque*.

S'il y a un précipité, il est dû à Fe (maximum), Cr ou Al ; la couleur du précipité indique lequel des trois. On en produit une certaine quantité que l'on jette sur un filtre; on le lave, on le fait tomber dans une fiole et on le dissout dans un acide. On se sert de cette dissolution pour vérifier les caractères du métal.

S'il n'y a pas de précipité, on ajoute à la liqueur précédente (contenant AzH^4Cl et AzH^4OH), une goutte de $(AzH^4)^2S$. La production d'un précipité décèle la présence de Zn, Mn, Fe (minimum). Ni, Co ; sa couleur indique lequel de ces cinq métaux, sauf cependant pour les trois derniers, qui précipitent tous en noir. On les distingue en dissolvant ce précipité noir de sulfure dans l'acide azotique (1) et essayant sur cette dissolution, les caractères de ces trois métaux. Dans cette opération, le fer a été oxydé par l'acide; si donc on avait un sel ferreux; après la dissolution dans l'acide azotique, ce seront les caractères des sels ferriques que l'on obtiendra. Mais on saura que le sel primitif n'était pas au maximum, parce qu'il aurait précipité par AzH^4Cl et AzH^4OH. Quand le métal est du zinc ou du manganèse, on dissout également son sulfure dans un acide (chlorhydrique ou azotique) pour en vérifier les caractères :

Après ce traitement, trois cas peuvent se présenter :

1° *Les deux métaux ont été trouvés.* — On traite une certaine quantité de la liqueur primitive par du carbonate de sodium et on continue, comme il a été dit dans le cas précédent, pour rechercher l'acide.

2° *Un seul métal a été trouvé*, soit par HCl, soit par H^2S, soit par $(AzH^4)^2S$. — S'il fait partie du 3e groupe (que ce soit un métal à sesquioxyde ou un métal à protoxyde) on le précipite complètement par de sulfure d'ammonium en employant un léger excès de ce réactif. On filtre. La liqueur filtrée contient le second métal avec l'excès de sulfure d'ammonium. On détruit cet excès de sulfure en traitant la liqueur par

(1) Il faut éviter de faire cette dissolution en présence d'un excès de $(AzH^4)^2S$ qui, sous l'action de l'acide, donnerait un dépôt de soufre. Pour éviter cet inconvénient, on jette d'abord le précipité sur un filtre et on le lave plusieurs fois à l'eau distillée. On peut alors le dissoudre dans un acide.

l'acide chlorhydrique jusqu'à ce qu'il n'y ait plus d'effervescence ; il se forme du chlorure d'ammonium qui reste dissous, il se dégage de l'hydrogène sulfuré et il se dépose du soufre. On fait bouillir pour chasser l'hydrogène sulfuré dissous et pour agglomérer le soufre qui, sans cette précaution, pourrait traverser le filtre. On filtre et on obtient une liqueur limpide contenant le second métal. — Remarquons que, dans cette opération, nous avons introduit du chlorure d'ammonium dans la liqueur ; nous reviendrons plus loin sur cette observation.

Après précipitation complète du premier métal, soit par HCl, soit par H^2S, soit par $(AzH^4)^2S$ et séparation du précipité par filtration, on cherche le second métal dans la liqueur filtrée en appliquant l'essai IV.

3° *Aucun métal n'a été précipité*, ni par HCl, ni par H^2S, ni par $(AzH^4)^2S$. — La liqueur primitive est soumise à l'essai IV.

IV. — La dissolution est traitée par AzH^4Cl EN EXCÈS, un peu de AzH^4OH et un petit excès de $CO^3(AzH^4)^2$. On chauffe légèrement — S'il se produit un précipité, on est en présence de Ca, Sr ou Ba. On précipite complètement une partie de la dissolution par les réactifs que nous venons d'indiquer, on filtre et on lave le précipité. On le dissout dans l'acide chlorhydrique et on cherche dans cette dissolution quel est celui des trois métaux précipités qui s'y trouve. La liqueur filtrée peut contenir un métal du cinquième groupe. Remarquons qu'elle contient aussi le chlorure d'ammonium que nous avons ajouté.

Après ce traitement, au moins un des deux métaux a été précipité: puisque nous avons supposé qu'ils appartenaient à des groupes différents et qu'il ne reste plus qu'un seul groupe à examiner. Les seuls cas possibles sont donc les suivants :

1° *Les deux métaux ont été trouvés.* — On précipite une partie de la liqueur primitive par le carbonate de sodium et on cherche l'acide comme il a été dit.

2° *Un seul métal a été précipité*, soit par HCl, soit par H^2S, soit par $(AzH^4)^2S$, soit par $CO^3(AzH^4)^2$. — La liqueur filtrée contient le second métal qui appartient forcément au cinquième groupe. On le cherche par la méthode indiquée à propos de l'analyse d'un sel unique.

Remarque. — Nous avons vu qu'aux essais III et IV, on peut avoir été amené à introduire dans la liqueur, du chlorure d'ammonium. Si donc le dernier métal trouvé était de l'ammonium, il faudrait s'assurer que la liqueur primitive en contient bien réellement. Si elle n'en contenait pas, on devrait s'efforcer de caractériser dans la liqueur filtrée un des trois autres métaux : Mg, K, Na. Mais il pourrait arriver que la présence d'un sel ammoniacal, surtout s'il était en grande quantité, fut un obstacle à la vérification de certains caractères, entre autres de ceux de magnésium. Dans ce cas, on évaporera la dissolution à siccité, on calcinera pour volatiser le sel ammoniacal et on dissoudra dans l'eau le résidu qui ne contiendra alors que le métal à rechercher.

Quand on a trouvé le second métal, on traite la liqueur primitive par le carbonate de sodium, on filtre, et on cherche l'acide comme on l'a déjà dit.

ANALYSE QUANTITATIVE

(MÉTHODE VOLUMÉTRIQUE)

L'analyse quantitative a pour but de rechercher la quantité relative des divers corps, simples ou composés, qui entrent dans la composition d'un corps donné. — Il existe pour cela deux méthodes : la *méthode pondérale* et la *méthode volumétrique*,

La *méthode pondérale* consiste à faire entrer le corps à doser dans une combinaison insoluble et parfaitement définie que l'on filtre et que l'on pèse ; on en déduit, par le calcul, le poids du corps engagé dans cette combinaison.

La *méthode volumétrique* consiste à produire sur le corps à doser une certaine transformation bien connue et dont la fin puisse être exactement appréciée au moyen de réactifs appropriés. On emploie, pour produire cette transformation, une dissolution de concentration bien déterminée ; on mesure le volume de cette dissolution qui a été employé et on en déduit le poids du corps à doser.

La méthode volumétrique est d'une application moins générale que la méthode pondérale, mais elle est bien plus rapide et n'exige qu'un matériel plus simple. C'est la seule dont nous nous occuperons, en prenant comme exemples le dosage de la quantité d'alcali ou d'acide contenue dans une dissolution donnée (alcalimétrie et acidimétrie).

ALCALIMÉTRIE

L'*Alcalimétrie* a pour but de déterminer la quantité d'alcali (potasse, soude ou ammoniaque) qui se trouve à l'état libre dans une dissolution. La réaction utilisée est la neutralisation de cet alcali par une dissolution acide de titre connu : on emploie généralement l'acide sulfurique ou l'acide oxalique et on constate la fin de la réaction au moyen d'un des *indicateurs colorés* suivants :

1° La *teinture de tournesol*, qui est bleuie par les alcalis et rougie par les acides.

2° La *phtaléine du phénol*, en solution alcoolique, qui reste incolore en présence des acides et devient rouge vif en présence des alcalis.

3° L'*hélianthine*, qui passe au rouge sous l'influence des acides et au jaune sous l'influence des bases.

La méthode sera évidemment d'autant plus sensible que la dissolution acide sera plus étendue, puisqu'il en faudra davantage pour saturer une quantité donnée d'alcali et que, par suite, l'erreur relative commise sur l'évaluation de son volume sera moindre. On emploie généralement des liqueurs contenant une molécule d'acide dans un, deux, trois ou quatre litres de dissolution.

Nous supposerons que la liqueur titrée employée

soit une dissolution *d'acide sulfurique* contenant *une molécule d'acide dans quatre litres*, c'est-à-dire : SO^4H^2 = 98 grammes dans 4 litres.

Pour évaluer la quantité de cette liqueur que l'on devra employer, on en remplit une burette graduée (Fig. 30), fermée à sa partie inférieure par un robinet, et divisée en centimètres cubes et dixièmes de centimètres cubes. On a soin, avant de commencer

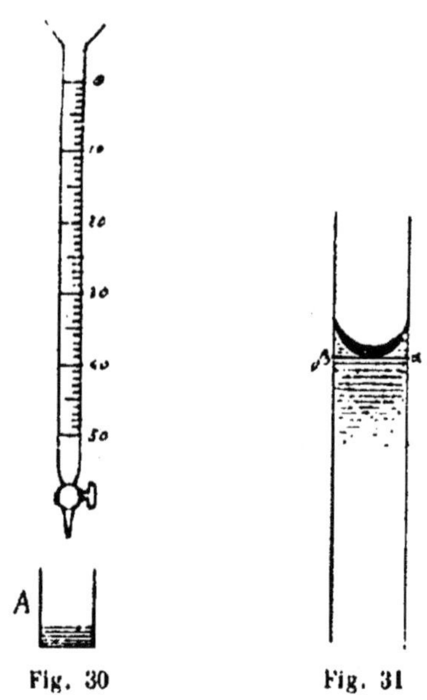

Fig. 30 Fig. 31

l'expérience, d'en faire écouler un peu, afin de remplir la partie effilée de la burette qui se trouve audessous du robinet. Ensuite on lit exactement le point d'affleurement du niveau du liquide dans la burette ; on pourra, si on le préfère, amener ce niveau à la division zéro, mais ce n'est pas nécessaire,

Le meilleur procédé pour bien lire le point d'affleurement du liquide, consiste à mettre une feuille de papier blanc derrière la burette et à placer l'œil dans le plan horizontal passant par la surface libre du liquide. On aperçoit alors cette surface terminée par une sorte de croissant noir (Fig. 31); on lit la division $\alpha\beta$ tangente à ce ménisque. — Après l'expérience, on lira de la même façon le nouveau point d'affleurement du liquide ; la différence donnera la quantité de liqueur titrée employée.

Nous allons appliquer la méthode alcalimétrique à la résolution de quelques problèmes.

1er Problème. — *Etant donnée une dissolution de potasse, trouver la quantité de potasse anhydre* K^2O, *qu'elle renferme.*

On verse la dissolution alcaline dans un petit vase à précipiter A (Fig. 30) ; on lave avec un peu d'eau distillée le flacon qui la contenait et on verse cette eau dans le vase A. On y ajoute quelques gouttes d'un indicateur coloré et on fait tomber goutte à goutte, et en agitant constamment, l'acide sulfurique jusqu'à neutralisation exacte de la liqueur, ce que l'on constate par le changement de couleur du réactif coloré (le tournesol passe du bleu au rouge, la phtaléïne est décolorée, l'hélianthine passe du jaune au rouge). Il faut observer avec soin le moment précis où a lieu ce changement de couleur ; on facilite cette observation en plaçant une feuille de papier blanc au-dessous du vase A.

Soit N le volume de liqueur titrée acide employé, évalué en centimètres cubes et fractions de centimètres cubes. La réaction qui s'est produite est la suivante :

$$\underbrace{SO^4H^2}_{98} + \underbrace{K^2O}_{94} = SO^4K^2 + H^2O$$

Elle montre qu'un poids d'acide sulfurique égal à son poids moléculaire (98 grammes) s'est combiné à un poids de potasse anhydre égal à son poids moléculaire (94 grammes). Or, 98 grammes d'acide sulfurique sont contenus dans 4 litres ou 4000 centimètres cubes de la liqueur titrée. On dira donc :

4000 cmc. de la liqueur titrée saturent 94 gr. de K^2O.

N cmc. de la liqueur titrée saturent $\frac{94 \times N}{4000}$.

Cette formule donne le poids, en grammes, de la potasse anhydre contenue dans la liqueur donnée.

Remarque. — Si le titre de la dissolution acide était différent, le raisonnement serait le même, la formule seule serait un peu modifiée. Par exemple, si on employait une liqueur contenant une molécule SO^4H^2 dans 2 litres, il faudrait remplacer 4000 par 2000.

2e PROBLÈME. — *Étant donnée une dissolution de potasse, trouver la quantité de potasse caustique KOH qu'elle renferme.*

On opérera exactement comme dans le cas précédent. Soit N le nombre de centimètres cubes d'acide sulfurique employés. La réaction a été la suivante :

$$\underset{98}{SO^4H^2} + \underset{2 \times 56}{2.KOH} = SO^4K^2 + 2H^2O$$

Elle montre que 98 grammes d'acide sulfurique se sont combinés à un poids de potasse caustique égal à deux fois son poids moléculaire, c'est-à-dire à $2 \times 56 = 113$ grammes.

Donc :

si 4.000$^{cmc.}$ de la liqueur titrée saturent 112gr. de KOH

N$^{cmc.}$ — — — $\frac{112 \times N}{4000}$

Cette formule donne le poids, en grammes, de la potasse caustique contenue dans la dissolution.

Remarque. — Une dissolution de potasse étant donnée, on peut évidemment évaluer l'alcali qu'elle contient, soit en potasse anhydre K^2O, soit en potasse caustique KOH, car on peut indifféremment supposer qu'elle a été obtenue en dissolvant dans l'eau l'un ou l'autre de ces deux corps. La valeur de N, résultat expérimental obtenu avec une dissolution donnée, sera la même dans les deux cas, mais on appliquera la première ou la seconde des formules ci-dessus, suivant que l'on désirera évaluer l'alcali en K^2O ou en KOH.

3e Problème. — *Étant donnée une dissolution de potasse, trouver la quantité de potasse anhydre ou de potasse caustique que renferme un litre de cette dissolution.*

On prend 10 centimètres cubes de cette dissolution au moyen d'une pipette graduée (Fig. 32) portant un trait tel que le volume compris entre ce trait et l'orifice intérieur soit exactement égal à 10 centimètres cubes. On les verse dans un petit vase à précipiter avec un réactif coloré et on y fait couler la liqueur titrée acide jusqu'à neutralisation. Une première opération est faite assez rapidement, de façon à obtenir une valeur approximative du volume de liqueur acide nécessaire pour arriver à ce résultat ; supposons qu'on ait trouvé 13 cmc. 7. On recommence la même mesure avec 10 nouveaux centimètres cubes de la dissolution de potasse dans lesquels on fait couler tout d'un coup 13 centimètres cubes de la liqueur titrée acide ; on fait ensuite couler goutte à goutte cette liqueur et on observe le point de saturation à une goutte près. On répète plusieurs fois cette opération et on prend la moyenne des résultats concordants obtenus. Soit N cette moyenne.

Fig. 32

Pour en déduire le poids de potasse anhydre contenu dans ces 10 centimètres cubes, on appliquera la formule déjà indiquée : $\frac{94 \times N}{4.000}$ et, pour avoir le poids de potasse caustique, la formule : $\frac{112 \times N}{4.000}$. Le poids d'alcali contenu dans un litre s'obtiendra en multipliant ces résultats par 100. Par conséquent, un litre de la dissolution donnée contient $\frac{94 \times N}{40}$ gr. de K^2O ou bien $\frac{112 \times N}{40}$ grammes de KOH.

Remarque. — On résoudra de la même façon les problèmes dans lesquels on aura à évaluer la quantité d'un alcali autre que la potasse contenue dans une dissolution. Il suffira, dans les raisonnements et les formules précédents, de remplacer le poids moléculaire de la potasse par celui de l'alcali à doser.

ACIDIMÉTRIE

L'*acidimétrie* a pour but de déterminer la quantité d'acide qui se trouve à l'état libre, dans une dissolution.

Cette opération peut se faire exactement comme l'alcalimétrie, en employant, par exemple, une liqueur titrée de potasse contenant une molécule de cet alcali dans un, deux, trois ou quatre litres de dissolution. On verse la liqueur titrée dans la burette et on la fait couler dans la liqueur acide à doser jusqu'à neutralisation exacte. On emploie les mêmes indicateurs colorés qu'en alcalimétrie, mais ici les changements de couleur se produisent en sens inverse. Les calculs se conduisent d'une manière analogue.

La liqueur titrée de potasse absorbe facilement l'acide carbonique de l'air ; il en résulte que son titre change avec le temps. Aussi préfère-t-on quelquefois la remplacer par une dissolution de baryte qui présente le même inconvénient, mais à un degré moindre. Mais la baryte est très peu soluble et il n'est pas même possible d'en faire une dissolution en contenant une molécule dans quatre litres. C'est d'ailleurs parfaitement inutile, comme nous allons le voir.

On fait une dissolution *quelconque* de baryte dans l'eau ; comme cet oxyde est très lentement soluble, on le laissera plusieurs jours en présence de son dissolvant, en agitant fréquemment, afin d'avoir une dissolution aussi concentrée que possible. On décante la liqueur limpide et on cherche quel est son *titre*. Pour cela, on prend 10 centimètres cubes d'une liqueur titrée d'acide sulfurique à 1 molécule dans 4 litres, on les verse dans un vase à précipiter, on y ajoute un peu de phtaléine ou de tournesol et on les sature en y faisant tomber lentement la dissolution de baryte placée dans une burette graduée. On recommence plusieurs fois l'opération de manière à connaître exactement quelle est la quantité de la dissolution de baryte qui sature 10 centimètres cubes de la liqueur titrée acide : cette quantité est ce qu'on appelle le *titre* de la dissolution ; on le marque sur le flacon. Ainsi, si, par exemple, une liqueur titrée de baryte porte l'indication « *Titre = 23,2* » ; cela signifie : que 23cc2 de cette liqueur saturent exactement 10 centimètres cubes de la liqueur titrée d'acide sulfurique à une molécule dans 4 litres. La convention que nous adoptons pour la dilution de la liqueur titrée acide est celle que l'on admet le plus généralement ; mais on pourrait en adopter une autre. Pour éviter toute confusion, il sera préférable d'écrire sur les flacons une indication plus explicite, telle que celle-ci : « *23 cmc 2, de cette dissolution neutralisent 10 centimètres cubes d'une liqueur titrée d'acide sulfurique à une molécule dans 4 litres* ». Il n'y a plus alors d'ambiguité.

Nous allons montrer comment l'emploi de cette

liqueur titrée de baryte permet de résoudre les divers problèmes d'acidimétrie.

1er Problème. — *Étant donnée une dissolution d'acide sulfurique, trouver la quantité de cet acide qu'elle renferme, évaluée d'abord en anhydride sulfurique* SO^3 *puis un acide normal* SO^4H^2.

La liqueur acide à doser est placée dans un vase à précipiter avec un indicateur coloré; la liqueur titrée de baryte est dans la burette. On fait couler goutte à goutte le baryte dans l'acide jusqu'à neutralisation exacte. Soient T le titre de la dissolution de baryte et N le nombre de centimètres cubes qu'on en a employés.

1° *Évaluation de l'acide en anhydride* SO^3. — Nous avons supposé que la liqueur titrée d'acide sulfurique prise comme point de départ, contenait une molécule SO^4H^2 dans 4 litres; nous pouvons également supposer qu'elle contient une molécule SO^3 dans 4 litres, car cette molécule, en se dissolvant dans l'eau, donne une molécule SO^4H^2.

T cmc. de la liqueur de baryte saturent 10 cmc. de la liqueur titrée acide à 1 molécule dans 4 litres.

Ou

T cmc. de la liqueur du baryte saturent $\frac{1}{400}$ de molécule de SO^3

Or, le poids moléculaire de $SO^3 = 80$.

Donc :

T cmc. de la liqueur de baryte saturent $\frac{1}{400}$ 80 gr. de SO^3

Et N cmc. — — $\frac{80}{400} \times \frac{N}{T}$ —

Tel est le poids de SO^3 contenu dans la liqueur à doser.

2° *Évaluation de l'acide en acide normal* SO^4H^2.

T cmc. de la liqueur de baryte saturent 10 cmc. de la liqueur titrée acide à une molécule dans 4 litres.

Ou

T cmc. de la liqueur de baryte saturent $\frac{1}{400}$ de molécule de SO^4H^2

Or, le poids moléculaire de $SO^4H^2 = 98$.

Donc :

T cmc. de liqueur de baryte saturent $\frac{1}{400} \times 98$ gr. de SO^4H^2.

Et

N cmc. de la liqueur de baryte saturent $\frac{98}{400} \times \frac{N}{T}$ gr. de SO^4H^2.

Tel est le poids, en grammes, de l'acide normal SO^4H^2 contenu dans la liqueur à doser.

2e Problème. — *Étant donnée une dissolution d'acide sulfurique, trouver la quantité de cet acide, évaluée en anhydride* SO^3 *et en acide normal* SO^4H^2, *qui est contenue dans un litre de cette dissolution.*

On prend 10 centimètres cubes de cette dissolution que l'on verse dans un vase à précipiter et on opère exactement comme dans le cas précédent. On répète plusieurs fois l'opération et on prend la moyenne des résultats obtenus de façon à avoir une valeur de N aussi exacte que possible. On applique la première ou la seconde des formules ci-dessus, selon que l'on veut évaluer l'acide en SO^3 ou en SO^4H^2. On obtient ainsi la quantité d'acide contenue dans 10 centimètres cubes de la dissolution. Pour avoir la quantité contenue dans un litre, il suffit de multiplier le résultat précédent par 100,

3e Problème. — *Étant donnée une dissolution d'acide azotique, trouver la quantité de cet acide qu'elle renferme, évaluée d'abord en anhydride* Az^2O^5 *puis en acide normal* AzO^3H.

Les deux problèmes précédents étaient particulièrement simples, parce que l'acide à doser était de même nature que celui qui avait servi à titrer la liqueur de baryte. La question que nous nous proposons maintenant de résoudre, sera un peu plus complexe, mais plus générale : un raisonnement analogue à celui que nous allons faire pourra s'appliquer quel que soit l'acide à doser.

1e *Évaluation de l'acide en anhydride* Az^2O^5. — Les réactions qui se produisent lorsqu'on fait réagir cet anhydride ou l'acide sulfurique sur la baryte sont :

$$Az^2O^5 + BaO = (AzO^3)^2Ba.$$
$$SO^4H^2 + BaO = SO^4Ba + H^2O.$$

Elles montrent qu'*une molécule* de baryte sature, soit *une molécule* d'anhydride azotique, soit *une molécule* d'acide sulfurique. Autrement dit, *un même poids* de baryte (son poids moléculaire) sature, soit 108 grammes d'anhydride azotique ($Az^2O^5 = 108$), soit 98 grammes d'acide sulfurique ($SO^4H^2 = 98$). Si donc, nous désignons, comme précédemment, par T le titre de la baryte et par N le nombre de centimètres cubes qu'on a employés, nous pourrons dire :

T cmc. de baryte saturent 10 cmc. ou $\frac{1}{400}$ de molécule de SO^4H^2

Donc ces

T cmc. de baryte satureront aussi $\frac{1}{400}$ de molécule de Az^2O^5

ou $\frac{108}{400}$ grammes de Az^2O^5.

et N cmc. satureront $\frac{108}{400} \times \frac{N}{T}$ grammes de Az^2O^5.

2° *Évaluation de l'acide en acide normal AzO^3H*, Les réactions que nous considérerons dans ce cas, sont les suivantes :

$$2AzO^3H + BaO = (AzO^3)^2Ba + H^2O$$
$$SO^4H^2 + BaO = SO^4Ba + H^2O$$

Elles montrent qu'*une molécule* de baryte sature, soit *deux molécules* d'acide azotique, soit *une molécule* d'acide sulfurique. Autrement dit, *un même poids de baryte* (son poids moléculaire) sature, soit 63×2 ou 126 grammes d'acide azotique ($AzO^3H = 63$), soit 98 grammes d'acide sulfurique ($SO^4H^2 = 98$). Nous dirons donc :

T cmc. de baryte saturent 10 cmc. ou $\frac{1}{400}$ de molécule de SO^4H^2

Donc, ces

T cmc. de baryte satureront $\frac{2}{400}$ ou $\frac{1}{200}$ de molécule de AzO^3H

Ou

$\frac{63}{200}$ grammes de AzO^3H

Et

N cmc. de baryte satureront $\frac{63}{200} \times \frac{N}{T}$ grammes de AzO^3H.

4° Problème. — *Etant donnée une dissolution d'acide azotique, trouver la quantité de cet acide, évaluée soit en anhydride* Az^2O^5, *soit en acide normal* AzO^3H *qui est contenue dans un litre de cette dissolution.*

On prend 10 centimètres cubes de cette dissolution et on cherche combien il faut de centimètres cubes de liqueur titrée de baryte pour les saturer. On répète plusieurs fois cette mesure et on prend la moyenne des résultats concordants obtenus ; on a ainsi le nombre N. Les calculs se font comme dans le problème précédent et donnent la quantité d'acide contenue dans 10 centimètres cubes. En multipliant le résultat par 100, on obtient la quantité d'acide contenue dans un litre.

FIN

TABLE DES MATIÈRES

Châteauroux. — Imp. P. Langlois et Cie

CHATEAUROUX. — IMP. P. LANGLOIS ET Cie

www.ingramcontent.com/pod-product-compliance
Ingram Content Group UK Ltd.
Pitfield, Milton Keynes, MK11 3LW, UK
UKHW012216240726
13966UKWH00003B/793